快乐读书吧

人类起源的演化过程

四年级

贾兰坡 / 著　爱德教育 / 编

山西出版传媒集团

山西人民出版社

图书在版编目（CIP）数据

人类起源的演化过程 / 贾兰坡著 ； 爱德教育编． --
太原 ： 山西人民出版社， 2023.11（2024.12 重印）
ISBN 978-7-203-13114-4

Ⅰ．①人… Ⅱ．①贾… ②爱… Ⅲ．①人类起源－青
少年读物 Ⅳ．① Q981.1-49

中国国家版本馆 CIP 数据核字 (2023) 第 198989 号

人类起源的演化过程
RENLEI QIYUAN DE YANHUA GUOCHENG

著　　者：贾兰坡
编　　者：爱德教育
责任编辑：薛正存
复　　审：李　鑫
终　　审：贺　权
装帧设计：爱德教育

出 版 者：山西出版传媒集团·山西人民出版社
地　　址：太原市建设南路 21 号
邮　　编：030012
发行营销：0351 - 4922220 4955996 4956039 4922127（传真）
E - m a i l：sxskcb@163.com　发行部
　　　　　　sxskcb@126.com　总编室
网　　址：www.sxskcb.com

经 销 者：山西出版传媒集团·山西人民出版社
承 印 厂：武汉新鸿业印务有限公司

开　　本：710mm×1000mm　　1/16
印　　张：14
字　　数：160 千字
版　　次：2023 年 11 月　第 1 版
印　　次：2024 年 12 月　第 3 次印刷
书　　号：ISBN 978-7-203-13114-4
定　　价：26.00 元

前 言

　　新版语文教材和《义务教育语文课程标准》对学生的课外阅读给予高度重视，这提示我们，阅读课外书不再是语文学习中可有可无的要求，而是学生学好语文和提高语文素养的关键，也是学好其他各门学科的基础。

　　因此，我们将本套丛书中涉及的阅读方法，按照低、中、高年级三个学段进行了梳理。

年 级	阅读方法
低年级 （一、二年级）	1.学会以下阅读方法： （1）学会识读封面：识读书名、作者，借助封面上的书名和图画，了解书中的大概内容。 （2）学会看目录：借助目录，初步了解书中各章节的内容，挑选自己喜欢的内容进行阅读。 （3）学会看插图：观察插图，直观地了解书中的人物和情节。
	2.积累好词、好句。
	3.简单认识人物，了解故事情节。
中年级 （三、四年级）	1.了解童话、寓言、神话、科普著作等不同体裁的特征。 （1）童话：阅读童话时，要充分发挥想象，感悟生活的真谛，领悟做人的道理。 （2）寓言：阅读寓言时，要先读懂故事内容，再联系生活实际，体会寓言所揭示的道理。

中年级 **（三、四年级）**	（3）神话：阅读神话时，要了解故事的起因、经过、结果，学习把握主要内容，感受神话中神奇的想象和鲜明的人物形象。 （4）科普著作：用批注的形式列出举例子、列数字、打比方、作比较、下定义、分类别、作引用等说明方法，梳理说明的内容结构。
	2. 了解人物性格，梳理故事情节。
	3. 学会作批注。
	4. 摘抄书中的好词、好句、好段，并说出理由。
	5. 写读后感。
高年级 **（五、六年级）**	1. 了解民间故事和章回体小说的文体特征。
	2. 学会建立小说中主要人物的档案。
	3. 学会理清人物关系，制作人物关系图谱。
	4. 梳理故事情节，学会建立情节档案。
	5. 学会作批注，做读书笔记（摘抄）。
	6. 学会写读后感。

　　为了让学生快速掌握以上阅读方法，我们选取具有代表性的经典内容，将这些阅读方法穿插其中。

　　我们衷心祝愿，每一个阅读这套丛书的学生都能学会阅读、爱上阅读，从而培养良好的阅读习惯、健康的人格和独立思考的能力。

目 录

悠长的岁月（节选）

爷爷的爷爷哪里来

（节选）

从"神创论"到认识上的蒙昧时期

阅读指导

关于"人类是从哪来的"这个话题，一直有很多不同的说法，那么哪一种才是正确的呢？不如先了解一下世界各地关于创世的神话传说吧！

人很早就想知道自己是怎么来的。由于科学的落后，人们得不到正确的认识，就认为人是用泥土造的，也就是"神创论"。"神创论"在世界上流传很广，东西方都有这样的神话故事传播。

在中国广为流传的是盘古开天辟地和女娲抟（tuán）土造人。古人认为，世界上最初没有万物，后来出现了盘古氏，他用斧头劈开了天、地，天一天天加高，地一日日增厚，盘古氏也一天天跟着长大。万年之后，成了天高不可测、地厚不可量的世界，盘古氏也成了顶天立地的巨人，支撑着天与地。

抟：同"团"，把散碎的东西捏聚成团。

他死后化成了太阳、月亮、星星、山川、河流和草木。天地星辰、山川草木、虫鱼鸟兽出现了，只是世界上还没有人。这时女娲出现了，她取来土和水，抟成泥，捏成人，从此世上就有了人。

在国外的神话中，也有相似的说法。在埃及的传说中，鹿面人身的神哈奴姆用泥土塑造了人，并与女神赫脱给了这些泥人生命。在古希腊的神话中，普罗米修斯用泥土捏出了动物和人，又从天上偷来火种交给了人类，并教会了人类生存技能。

随着人类社会的不断发展，神话传说被宗教利用，成为宗教的经典，并撰成教义，更加在人们心目中广为流传。

不管是女娲抟土造人也好，还是普罗米修斯造人也好，这些神话的传说都并非出于偶然，而是人们很想了解和知道自己是怎么来的，却不得其解，这才造出了"神创论"。

我的童年是在农村度过的。逮蝈蝈儿、掏蛐蛐儿、捉鸟儿、拍黄土盖房是我们那个时代儿童最普遍的游戏。每逢我玩后回家，母亲都要为我冲洗，有时一天两三遍。母亲

虽然东西方的"神创论"内容有所不同，但都表现了人们对于"从哪里来"的推测和猜想。

总结上文，说明人们对于人类起源问题的探索和认识。

边搓边唠叨："要不怎么说人是用土捏的呢！无论怎么搓，都能搓下泥来。"我6岁时到离我家不远的外祖母家读私塾，也常听老师和外祖母这样说。可见"人是泥捏的"的传说流传得多广、多深了。

何时出现的传说不得而知，想来在有文字之前就已经开始了。而与"神创论"唱反调的还得说是中国的学者。远在2000多年前，我国春秋时代的管仲在《管子·水地篇》上说："水者何也？万物之本原也，诸生之宗室也。"意思是说：水是万物的根本，所有的生物都来自水。他的这句话说出了生命的起源。

战国时代的伟大诗人屈原在诗歌《天问》中，对自然现象、神话传说一口气提出了100多个问题。对女娲抟土造人也提出了质疑："女娲有体，孰制匠之？"意思是说：女娲氏既然也有身体，又是谁造的呢？

最使人惊奇的是山东省微山县出土的东汉时期的"鱼、猿、人"的石刻画。原石横长1.86米，纵高0.85米（现藏于曲阜孔庙），作者不知是谁。在原石的左半部，从右向左

春秋是我国历史上的一个时代，从公元前770年—公元前476年；管仲(？—前645年)是春秋初期著名的政治家。

引用屈原《天问》中的诗句，点出了古人对"神创论"的质疑，引起人们的思考。

并排着鱼、猿、人的刻像。让人看了之后，很自然地会想到"从鱼到人"的进化过程。

18世纪的法国博物学家乔治·布丰虽然也曾指出，生命首先诞生于海洋，以后才发展到了陆地；生物在环境条件的影响下会发生变化，器官在不同的使用程度上也会发生变化。但是并没有指出从鱼到人的演化关系。

指出从鱼到人的演化关系并发表名著的是美国古脊椎动物学家威廉·格雷戈里。1929年他发表的《从鱼到人》把人的面貌和构造与猿、猴等哺乳类、爬行类、两栖类动物相比较，把我们的面形一直追溯到鱼类。在当时，由于获得的材料有限，在演化过程中缺少的环节太多，有人嫌他的说法不充分，甚至指责他的某些看法是错误的。把从鱼演化到人的一枝一节都串联起来，谈何容易！你知道演化经过了多少时间吗？鱼类的出现，从地质时代的泥盆纪起，到现在已有3.7亿年了，这是多么漫长的时间啊！

能够说明演化资料的来源，并非虚构的，而是来自地下。地层就是一部巨大的

由此可见"人类起源"这一问题的复杂程度，要想得到真正的答案需要科学家不断地探寻、验证。

这里运用了比喻的修辞手法，把地层比作一本巨大的书，表现了地层中内容丰富的特点。

"书"，它包罗万象，有许多许多东西是由地下取得的。就拿脊椎动物化石来说吧，其实也就是老百姓经常说的"龙骨"。它们绝大多数是哺乳动物的骨骼，由于在地下埋藏的时间较长，得以钙化。但是要成为化石，还要有一定的条件。首先，包括人在内的动物死亡后，能尽快地被埋藏起来，使其不暴露。然后，经过风吹雨淋，年代久之即可成为化石——我们所要研究的材料。

虽然许多人将脊椎动物的骨骼叫作"龙骨"，但从来也没人见过想象中的"龙"。我跑过除西藏之外的很多省份，也找不到"龙"的蛛丝马迹。所谓的"恐龙"，原意为蜥蜴之类巨大的爬行动物，原是日本学者用的译名，我们也就随之使用了。

除了化石的形成条件，还要能发现它们，直到把它们一点一点地发掘出来，也不是一件很容易的事，其中有很高的技术含量。从发掘到修理，使之完整地再现于人们的眼前，再加上翻制模型，工作人员都必须有很高超的技术。

"人类起源"科学来之不易

阅 读 指 导

随着科学文化知识的发展与普及,"人猿同祖论"出现了。虽然没有一定的"真凭实证",但他们的论点为寻找人类起源的证物——人类化石,指明了方向。人类是怎样一步一步演化成今天这个样子的。快来读一读吧!

"人类起源"也有人称为"从猿到人",或"人之由来",等等。其实都是一个意思:人类是怎样一步一步演化成今天这个样子的。

有关人类起源的知识得来很不容易。许多真正的学者对这门学科的研究从不松懈,也不怕别人谩骂和非议,一代接一代不屈不挠地进行着。直到目前,仍有许许多多的问题需要由后来人接着研究下去。但是再没有什么人反对人是从猿演化而来的说法了,这是最大的胜利。下面我先谈谈这门学科的历史,你就可以知道它来之不易了。人类起源的研究历史是很晚的,至今不到200年。

不屈不挠:形容意志坚强不屈服。

在欧洲中世纪，宗教和神学思想统治了社会很长的时间，许多科学的观点被扼杀。直到文艺复兴运动的兴起，人们的思想、感情得到了大解放，出现了一大批思想家、文学家和科学家，完成了很多的科学发现。在人类起源问题上，1859年，英国博物学家查理·罗伯特·达尔文发表了《物种起源》一书，提出了生物进化理论。在达尔文的启示下，英国博物学家托马斯·亨利·赫胥黎在1863年发表了《人类在自然界中的地位》，提出了"人猿同祖论"。1871年，达尔文又发表了《人类的由来及性选择》，论证了人类也是进化的产物，是通过能增强其生存和繁殖的变异，并遗传给下一代的自然选择从古猿进化而来的。这是世界科学史上划时代的贡献。尽管如此，在那个时代由于证据不足，因此当时所有进化论者都感到很苦恼，因为他们不能用真凭实据来说服人。但他们的论点为寻找人类起源的证物——人类化石，指明了方向。

1806年，丹麦的一个委员会决定在他们国内进行历史、自然史和地质学的研究。

文艺复兴：是指14世纪到16世纪的欧洲发生的思想解放文化运动。文艺复兴运动带来一场科学与艺术的革命，揭开了近现代欧洲历史的序幕。

此处表现了进化论者们在困难中不断前进的精神，也侧面烘托出人类起源的研究不易。

贝丘: 又称贝冢, 是古代人类居住遗址的一种, 其中往往包含有陶器、石器等文化遗物。

首先遇到的是丹麦没有历史记载的"巨石文化"(古代坟墓的标志)、贝丘中的许多石器制品。但在工作期间, 史前(有记载以前的历史)工具的发现越来越多, 因而一个新的委员会要求对这些材料进行仔细的研究。1816—1865年, 汤姆森在哥本哈根任丹麦皇家古物博物馆馆长, 又进一步安排、策划、组织人力, 对发现物进行分类研究, 并根据文化性质编年, 建立了石器时代、青铜器时代和铁器时代的顺序。这一工作, 虽然由于材料的限制, 在当时的情况下, 研究的成果不可能达到确凿无误, 但是他们所做的科学项目和内容, 可以说是研究人类起源的开端。

1856年8月, 在德国杜塞尔多夫以东、霍克多尔附近的尼安德特山谷发现了具有原始性质的人类化石。那里是石灰岩地区, 工人们采石烧灰, 在石灰窑地区内有个山洞, 工人们在洞尚未被破坏前见到了一副骨架, 附近既无石制的工具, 也没有其他哺乳动物的骨骼化石。石灰窑的负责人虽然不是内行, 但对这具不完全的骨架感到非常奇怪，特别是保留下来的头盖骨，既不像人的，也不像其他动物的，因而骨架得以保存下来，交给了当地的一名医生。这名医生也不能肯定它就是人类的骨架，又将骨架送到波恩大学，请教授沙夫豪森鉴定。沙夫豪森认为这副骨架骨骼粗大，头骨前额低平，眉脊粗壮，是欧洲早期居民中最古老的人。赫胥黎见到头骨模型后，也认为是最像猿的人类头骨。后来这具骨架被辗转送到爱尔兰高韦皇后学院的地质学教授威廉·金手中，经他研究，认为在尼安德特山谷发现的这具骨架化石是已经绝种的古代人类遗骸，并于1864年按动植物的国际命名法为它命了个拉丁语化的名称，叫"Homo neanderthalensis"（King，1864），我国译为"尼安德特人"，这是双名法命名。后来业内种类越分越细，改为三名法命名，后面的字是形容词。整整过了100年，坎贝尔才又给它改了一个三名法的命名，叫"Homo sapiens neanderthalensis"（Campbell，1964）。一般仍叫"尼安德特人"，简称"尼人"。

尼安德特人化石的发现，引起了很大的

此处详细描述了此副骨架的特别之处，增添了神秘的色彩，引起读者的好奇，为后文做铺垫。

争议。很多人持怀疑和反对的态度，这是因为当时没有更多的证据。1886年，在比利时的斯庇也发现了尼人的骨骼化石及其他哺乳动物化石，这次发现的头骨和尼安德特山谷发现的头骨特征相同，有关尼人的争议才渐渐平息。同时达尔文的进化论也渐渐被人们所接受。

尼人是介于直立人与现代人之间的人类，被称为"早期智人"，年代为10万~3.5万年前。之后又发现了比尼人进步的晚期智人——克罗马农人，年代为3.5万~1万年前。尽管在19世纪中叶有大量的古人类化石被发现，达尔文的进化论日渐深入人心，但人们仍不能接受"人猿同祖"和"从猿到人"的进化观念。这是因为没有找到从猿过渡到直立人这个阶段的化石，有些学者以证据不足来对抗进化论。

正当欧洲关于人类起源的争议非常激烈的时候，尤金·杜布瓦在荷兰降生了，那年是1858年。杜布瓦长大后进了医学院，毕业以后当了师范学校的讲师，他对人类起源的问题着了迷。29岁时，杜布瓦开始着手解

此处为过渡句，有承上启下的作用。同时，用简单科学的语言对早期智人下定义。

决人类起源问题。他把这一想法告诉了一些同事和朋友，却遭到同事和朋友的反对，有人还说他得了精神病。但杜布瓦没有气馁，经过努力，他作为一名随队军医被派往当时由荷兰统治的苏门答腊，想在那里寻找更原始的古人类化石。功夫不负有心人，1890年他在中爪哇的克东布鲁布斯发现了一件下颌骨残片；1891年又在特里尼尔附近发现了一个头盖骨；1892年在发现头盖骨附近发现了一个大腿骨。杜布瓦十分高兴，在给欧洲友人的电报中，他称这是"达尔文的缺环"。

正当杜布瓦还在高兴之时，他还没来得及把化石向同行们展示，就成了争论的焦点。有人嘲笑他，有人谩骂他，而教会更是不容忍他。在各方面的围攻之下，杜布瓦把这些珍贵的人类化石锁在了家乡博物馆的保险柜里，一锁就是28年。

杜布瓦发现了人类化石后，曾于1892年给它取了拉丁语化的名字"直立人猿"（Homo erectus），1894年改为"直立猿人"。由于受到教会和各方面的指责和压力，不得已，他承认了他发现的是一种猿类化石。尽

苏门答腊现属印度尼西亚。

管杜布瓦又提出了与自己相反的意见，但这种相反的论点并未得到后来人的承认。20世纪30年代，荷兰古人类学家孔尼华在爪哇又有了新的发现。曾经研究过"北京人"化石的魏敦瑞看过在爪哇的发现后，为了命名的统一，1940年把杜布瓦发现的人类化石改为"爪哇直立人"。1964年坎贝尔又把命名改为"Homo erectus erectus"，译为"能直立的直立人"，一般译作"标准直立人"。

详细介绍了"标准直立人"的命名过程，侧面反映出科学家们的严谨。

杜布瓦发现的古人类化石，现在我们已经搞清楚了，是属于更新世早期、距今90万～80万年前的直立人，的的确确是人类演化中的重要一环。杜布瓦把他的发现锁了28年之后，在美国纽约自然历史博物馆馆长亨利·奥斯朋的呼吁下，1923年他打开了保险柜，在一些科学讨论会上展示了他的发现。

顺便说一下，亨利·奥斯朋在当时是最著名的古人类学家、古脊椎动物学家和石器时代考古学家，生前出版了大量著作。我在1931年参加周口店"北京人"遗址发掘工作的时候，还是个什么都不懂的小青年，除了有导师和学长的帮助外，最早读的一本书就是 1885 年英国伦敦麦克米兰公司出版的亨利·福罗尔著的《哺乳动物骨骼入门》，从中学到了不少关于哺乳动物骨骼的知识。第二本就是奥斯朋著的，由纽约查尔斯·斯克里布之子书店 1925 年出版的《旧石器时代人类》。这使我对古人类，不论是欧洲的发现，还是欧洲之外的发现都有了了解；对古人类所使用过的石器也有了进一步的认识。这两本书现在看来已有些陈旧，但我仍然把它们好好地保存着，因为是它们把我引入到这门学科的大门，在以后的工作实践中使我越来越对这门学科感兴趣，以至于能取得今天的成绩，在这门学科中"长大成人"。当然我更不能忘记师长和同人对我的帮助和支持。

杜布瓦的发现是人还是猿，当时争议很大，因为没有人能够提供更加令人信服的证据，人们仍然有很多疑惑。20 世纪初，学者们把眼光转向了中国。

一本好书对人的影响非常重大，读好书，好读书，要养成爱读书的好习惯。

"北京人"头盖骨

阅 读 指 导

　　杜布瓦的发现带来了很大的争议，学者们将目光转向了中国。北京房山周口店发现了"北京人"化石，使中国的古人类学、旧石器考古学和古脊椎动物学有了突飞猛进的发展。

　　1915 年，美国学者马修出版了《气候与进化》一书，在书中马修提出了亚洲是人类的发祥地的观点。奥斯朋也认为人类起源地在中亚地区。这种观点还是由一位在北京行医的德国医生哈贝尔引起的。1903 年，他把从北京中药店里买到的"龙骨"，即一批动物化石带到德国，交给德国古生物学家施罗塞研究。施罗塞认为其中有一颗像人的牙齿，但不敢确定，因而说是类人猿的。因此，他非常鼓励古生物学家到中国来考察。当时中国的一批学者，像章鸿钊、丁文江、翁文灏等人创办了中国地质调查所，丁文江任所

类人猿：亦称"猿类"，除人类以外的灵长目人科和长臂猿科动物的总称。因其与人类的亲缘关系最为接近，形态结构也与人相似，所以称类人猿。

长。他们认为地质调查所的任务不应仅限于矿产调查，更应该进行古生物方面的调查和研究。1920年，他们聘请美国古生物学家葛利普来华担任中国地质调查所古生物研究室主任兼北京大学古生物学教授，为中国培养古生物学的人才。瑞典地质学家、考古学家安特生也接受了当时中国政府的聘请，在1914—1924年来华担任农商部矿政顾问，此时的地质调查所也归入了农商部。安特生除担任矿政顾问外，还从事中国新生代地质和化石材料的调查和研究。值得一提的是，1919年北京协和医学院聘请了加拿大医生步达生来华担任解剖科主任。他受马修的影响，也对在中国寻找古人类化石极为关注。各方面的因素促成了"北京人"在北京房山周口店的发现，使中国的古人类学、旧石器考古学和古脊椎动物学有了突飞猛进的发展。

1918年，安特生在周口店调查地质情况时，首先在周口店之南约2000米处发现了很多鼠类化石。因为石灰窑工人在这个地方采石时发现了很多像鸡骨一样的动物骨骼化石，因此，把这个地方称为"鸡骨山"。

科学研究需要多方的努力，"突飞猛进"一词更表明"北京人"化石发现的重要意义。

1921年，安特生同奥地利古生物学家师丹斯基又到鸡骨山采集化石。经当地工人指点，在鸡骨山以北2000米处，找到了更大的化石地点，名叫"龙骨山"，也就是"北京人"遗址。在这个地点，他们发现了许多大型的脊椎动物化石，其中使他们最感兴趣的是他们从未见过的肿骨鹿的头骨和下颌骨等骨骼化石。因为在含化石的地层中有外来的岩石，安特生预感到远古的人类很可能在这里居住过。

安特生的预感有证据可以论证吗？此处留下悬念，引起读者的思考和兴趣。

1926年的夏天，师丹斯基在瑞典乌普萨拉大学的威曼实验室里，整理从周口店采集的化石时，发现了两颗人类的牙齿。他认为是属于人的，就把这个发现公布了。北京协和医学院解剖科主任步达生看了之后也认为是人的，从而对周口店极感兴趣和关注，开始与农商部地质调查所所长丁文江和翁文灏经常联系，准备发掘周口店地点。最初商谈是中国地质调查所与北京协和医学院解剖科共同成立"人类生物学研究所"，由步达生与美国洛克菲勒基金会联系资助。后来丁文江、翁文灏建议把"人类生物学研究所"改为"新生代研究室"，作为中国地质调查所的分支机构。1927年2月，双方通过通信方式签订了"中国地质调查所和北京协和医学院关于研究第三纪和第四纪堆积物协议书"。协议书共有四款，大约是从1928年开始由洛克菲勒基金会资助22000美元，作为到1929年12月31日为止两年的研究专款，中国地质调查所拨款4000元补贴这一时期费用；步达生在双方指定的其他专家协助下负责野外工作，2~3名受聘并隶属中国地质调查所的古生物专家负责与本项目有关的古生物研究工作；一切标本归中国地质调查所所有，在人类材料不能运出中国的前提下，由北京协和医学院保管，以供研究之用；一切研究成果均在《中国古生物志》或中国地质调查所其他刊物以及中国地质学会的出版物上发表。新生代研究室1929年才正式成立，成员有名誉主任：丁文江、步达生；顾问：德日进；副主任：杨钟健；周口店野外工作负责人：裴文中。

　　丁文江也特别关心周口店的发现。由于在周口店发现了人牙化石，他于1926年4

新生代研究室的成立说明了中国地质研究所对周口店发掘的重视，专家们能否有所发现呢？此处设置悬念。

月 20 日在北京崇文门内的德国饭店为安特生的荣誉和发现以及送别举行了一次宴会。他请的客人有：斯文·赫定、巴尔博、德日进、安特生、翁文灏、葛兰阶、葛利普、金叔初和李四光等中外地质学学者。菜单也是特制的，上边还印上了一个形似猿人、被称为"北京夫人"的头像，所有的客人都在菜单上签了名。

　　周口店的发掘实际上在 1927 年就开始了。当年地质调查所派地质学家李捷为地质师兼事务主任，瑞典古生物学家步林负责化石的采集和发掘工作，当时步达生估计整个周口店的发掘工作能在两个月内完成。发掘之后才发现这个地点范围之大、埋藏之丰富、问题之复杂，大大超过了原来的设想。那一年发掘土方近 3000 立方米，发掘深度近 20 米，获得化石材料近 500 箱。在工作结束的前三天，步林还在师丹斯基找到第一颗人牙化石的不远处，又找到了一颗人牙化石。

　　步达生对这颗人牙化石进行了仔细的研究，发现它是一个成年人的左下第一臼齿，

列数字，用具体的数字突出了周口店发掘范围大、埋藏丰富、问题复杂，用具体的数字更加真实，增强说服力。

与师丹斯基的发现很相似。为此步达生给它命名为"北京中国人"，后来我国古脊椎动物学家杨钟健怕中国人看了后不容易理解，在"中国"两字之后加了个"猿"字，所以简称为"中国猿人"。后来，葛利普给它起了一个爱称叫"北京人"。魏敦瑞为研究"北京人"化石花费了很大心血，完成了几部巨著。随着古人类学的不断发展，猿人的名称被"直立人"所取代。1940年才改成"北京直立人"，简称"北京人"。

1928年第一季度过后，周口店的发掘又开始了。这一年李捷离开了周口店，由在慕尼黑大学、师从施罗塞攻读古脊椎动物学并获得博士学位的杨钟健接替。杨钟健回国前曾去过瑞典乌普萨拉大学研究过周口店的化石，对这项工作很熟悉，而且他还任中国地质调查所的技师。主持周口店发掘和日常事务工作的是刚刚从北京大学地质系毕业的、年方24岁的裴文中。这一年发掘的堆积物达2800立方米，获得化石500多箱。最令人欣喜的是发现了两件下颌骨：一件是女性的右下颌骨，另一件也是成人的右下颌骨，

随着研究和认知的发展，科学知识也在不断更新。从"北京人"的命名可以看出，研究人员对于科学的严谨态度。

上边还有三颗完整的牙齿。下颌骨是人类化石中比较珍贵的材料，这使步达生感到非常兴奋，又向美国洛克菲勒基金会争取到了4000美元的追加拨款。

经过两年的正式发掘，大家都感到周口店龙骨山有特别丰富的堆积。要想把它们都挖掘出来，短时期内不可能完成，而且要弄清龙骨山在地质学上的一些问题，还必须全面地了解周口店附近地区以及更广地区的地质状况。这些原因加速了"新生代研究室"的建立。"新生代研究室"将以更加广泛的综合研究计划来替代将要期满的周口店发掘计划。丁文江、翁文灏、步达生制订了研究方案、工作进度和资金预算，所需费用都由洛克菲勒基金会提供。1929年4月，中国农矿部正式批准了"新生代研究室"的组织章程，"新生代研究室"正式挂牌了。

1929年步林加入了西北考察团，离开了周口店，杨钟健同德日进到山西、陕西一带进行地质旅行调查，周口店的发掘工作由裴文中主持。裴文中接着上一年挖掘的地层往下挖，去掉非常坚硬的第五层的钙板，到第六层时化石明显增多，第七层更是如此，一天之中就能挖到 100 多个肿骨鹿的下颌骨，而且化石都很完整。在第八、第九层找到了几颗人牙，其中有 1 颗是齿根很长、齿冠很尖的犬齿，以前没有见到过，这使裴文中干劲倍增。秋季的发掘从 9 月底开始，越往下挖洞穴越窄，裴文中以为到了洞底。突然在北裂隙与主洞相交处向南又伸展出一个小洞。为了探明虚实，裴文中身上拴着绳子亲自下洞去，洞中的化石十分丰富，这使大家又来了精神。这时已到了 11 月底，冬天已经降临，还经常下着小雪，天气很冷。本来野外工作可以结束了，但见到有这么多的化石，裴文中临时决定再多挖几天。

1929 年 12 月 2 日下午 4 时，太阳落山了，大家仍在不停地挖着。在离地面十来米深的小洞里更是什么也看不清，只好点燃蜡烛继续挖掘。洞内很小，只能容纳几个人，挖出的渣土还要一筐一筐从洞中往上运。突然一个工人说见到了一个圆东西，裴文中马上下去查看，"是人头骨！"裴文中兴奋地大叫起来。大家见到了朝思暮想的东西，此刻

一层接一层，写出了发掘工作的艰辛，也说明了周口店化石的丰富。

的心情真是难以形容。是马上挖，还是等到第二天早上？裴文中觉得等到第二天时间太长了，便决定当夜把它挖出来。化石一半在松土中，一半在硬土中。裴文中先将化石周围的孔挖空，再用撬棍轻轻将它撬下来，由于头骨受到震动，有点儿破碎，但并不影响后来的黏接。取到地面上，由于怕它再破碎，裴文中脱掉外衣，把它包了起来，轻轻地、一步一步地把它捧回住地。

附近的老百姓跑来看热闹，见到裴文中这么小心地捧着它，一再问工人："挖到了啥？"工人高兴地答道："是宝贝。"回到住地，裴文中连夜用火盆将它烘干，包上绵纸，糊上石膏，再用火烘，最后裹上毯子一点儿一点儿捆扎好。第二天他派人给翁文灏专程送了信，又给步达生打了电报："顷得一头骨，极完整，颇似人。"

步达生接到电报，欣喜之际还有点半信半疑。12月6日裴文中亲自护送，把头骨交到了步达生手中。步达生立即动手修理，当头盖骨露出了真实面目后，步达生高兴得到了发狂的地步。他说这是"周口店发掘工作

"轻轻地""捧"等词语的运用，细致地反映出裴文中的谨慎，衬托出他对头骨的重视。

的辉煌顶峰"。

12月28日，中国地质学会隆重召开特别会议，庆贺周口店发掘工作的突破性胜利，庆祝发现了中国猿人第一个头盖骨。会议由翁文灏主持，裴文中、步达生、杨钟健、德日进分别就发现头盖骨化石的经过以及有关中国猿人头盖骨及地质学研究等问题做了专题报告。与会的有科学界、新闻界等各方面的人士。在中国发现了猿人头盖骨的消息，通过媒体迅速传遍了中国，传遍了世界，它震动了整个世界学术界。贺电、贺信从四面八方飞向当时的北平，这其中就有美国古生物学界泰斗奥斯朋的贺电。在那时，中国猿人头盖骨的发现成了北平街谈巷议的新闻。

我是1931年春考进中国地质调查所的，被分配到新生代研究室当练习生。同时进调查所新生代研究室的还有刚从燕京大学毕业的卞美年。

同年我们就被派往周口店协助裴文中搞发掘工作。在研究部门里，练习生虽属"先生"行列，但地位是最低的小伙计，买发掘

步达生用"辉煌顶峰"几个字，表明了头盖骨的发现意义重大。

泰斗是泰山北斗的简称，是指德高望重或有卓越成就而为众人所敬仰的人。

用品、给工人发放工资、登记发掘记录、修理化石、装运化石、陪访问学者到各处察看地质、替他们背标本……总之什么活儿都得干，但我不觉得苦。只要有点儿时间我就和工人们一起去挖掘，对挖出来的动物化石，不懂就向工人请教，很快我就喜欢上了发掘工作。而裴文中看到我不懂的地方就耐心赐教，从不拿架子。卞美年一有闲暇，就带着我在龙骨山周围察看地质，不但给我讲解地质构造和地层，还教我如何绘制剖面图，我一直把他看作是我的启蒙老师。从他们那里我学到了很多东西。他们还不时地给我看一些有关的书，当时古人类学和古脊椎动物学刚在中国兴起，国内还没有专门的教科书，书全是英文的，看不懂就向他俩请教，我进步得很快，也越来越爱这门学科了。

1934年，患有先天性心脏病的步达生，因过度疲劳，在办公室内去世。1935年，裴文中到法国去留学。领导推举我主持周口店的发掘工作，那时我刚刚晋升为技佐（相当于助理研究员）。

就在这一年，德国犹太人、世界著名的

古人类学家魏敦瑞来华接替步达生的工作。来华之前，他就认为周口店发现了头盖骨、下颌骨和许多牙齿，但人体的骨骼很少，是由于发掘的人不认识的缘故。他来华之后没几天，就到周口店检查工作，之后又接二连三地到周口店勘察地层，并仔细观察工人们挖掘化石的工作，又考了考我关于食肉类动物的腕骨与人的腕骨有什么不同，我详细地作了解答，他很满意。最后他对周口店的工作信服地说："这么细致的工作，不会丢掉重要东西，是可靠的。""这样的方法据我所知，在世界上也是最好的。"

1936 年周口店的发掘任务仍是寻找古人类化石。魏敦瑞来北京一年多了，除了一些人牙外，没见到其他重要的材料，他心急如焚。其实我心中更是急得冒火，更使我们担忧的是，美国洛克菲勒基金会只同意再给 6 个月的经费，如果 6 个月后仍无新发现，洛克菲勒基金会可能会断绝对周口店的资助，新生代研究室也会散摊。此时，日本的侵华战争正在一步步向华北推进，中国地质调查所也随国民党政府南迁。已担任北平分所所

语言描写，通过魏敦瑞的语言，侧面反映出发掘人员的细致、专业。

长的杨钟健也为此事担心，三天两头地往周口店跑。他看到大家仍在兢兢业业、勤勤恳恳地工作，才放心了。

天无绝人之路。正当我们为找不到古人类化石而一筹莫展的时候，这一年的 10 月 22 日上午 10 点左右，当我们发掘到第八、第九层时，我突然看到两块石头中间，有一个人的下颌骨露了出来，我当时的高兴劲儿就别提了。我马上趴在现场，小心翼翼地把它挖了出来。下颌骨已经碎成几块，我们把化石拿回办公室修理、烘干、粘好，第二天送到魏敦瑞手中，他也高兴起来，长时间愁苦的脸上有了笑容。

下颌骨的发现给大家带来了很大的鼓舞。11 月 15 日，由于夜间下了场小雪，上午 9 点才开始工作。干活儿不久，技工张海泉在临北洞壁由他负责的方格内挖到了一块核桃大小的骨片。我离他很近，问是什么东西，他说："韭菜（碎骨片的意思）。"我拿起一看，不由大吃一惊："这是人头骨！"我们马上用绳子把现场围了起来，只许我和几个技工在圈内挖掘，其余人一概不许进入。我们挖得非常仔细，连豆粒大的碎骨也不让遗落。在这半米多的堆积内，发现了很多头盖骨碎片。慢慢地，耳骨、眉骨也露了出来。这是个被砸碎的头盖骨，直到中午才把所有碎头盖骨全都挖了出来。接着又是清理、烘干、修复，把碎片一点儿一点儿对粘起来。

由于下颌骨的发现，有人断言"新生代研究室要时来运转了"。我们高兴的心情还没平静下来，下午4点15分时，在距上午头盖骨的发现处的下方约半米处，又发现了另一个头盖骨。与上午那个相仿，均裂成了碎片。由于天色已晚，我派6个人保护现场，同时拍电报给北平当局。

杨钟健没在家，去了陕西老家。他的夫人听到信息，四处打电话找到了卞美年。卞美年第二天早晨急急忙忙地跑去找魏敦瑞，魏敦瑞还没起床，听到消息后，从床上跳了下来，连裤子都穿反了。他火烧眉毛似的带着夫人、女儿同卞美年一起，由他的朋友开着汽车赶到了周口店。当我们从柜子里拿出粘好的第一个发现的头盖骨时，魏敦瑞太激动了，手不住地发抖。他不敢用手拿，叫我

通过侧面描写说明新生代研究室工作的不易，一直坚持做一件事，是非常难得的。

细节描写，"发料""左看右看"说明当时魏敦瑞的心情非常激动。

们把它放在桌上，左看右看，看了个够。午后他又到第二个头盖骨的现场察看发掘情况，由于怕挖坏，挖掘的速度很慢。魏敦瑞只好带着第一个头盖骨返回了北平。第二个头盖骨的所有碎片直到日落西山才搜索完毕。11月17日我带着第二个头盖骨返回北平，把它交给了魏敦瑞。

真可谓"柳暗花明又一村"。11月25日夜里下了一场小雪，26日上午9时，在发现下颌骨的地点之南3米、之下约1米的角砾岩中又找到了1个头盖骨。这个头盖骨比前两个都完整，连神经大孔的后缘部分和鼻骨上部及眼孔外部都有，完整程度是前所未有的。当我再次把它交给魏敦瑞时，他竟"啊"了一声，两眼瞪着，发了很长一会儿呆，才缓了过来。

11天之内连续发现了3个头盖骨，1个下颌骨和3颗牙齿的消息，再一次震动了世界学术界，全国乃至全世界各地报纸纷纷登载这一消息。12月19日在中国地质学会北平分会上，魏敦瑞和我做了报告。魏敦瑞说："现在我们非常荣幸，因为中国猿人在最近又有新的发现：10 月下旬发现猿人下颌骨 1 面，并有 5 颗牙齿保存；11 月 15 日一天内，又发现猿人头盖骨 2 具及牙齿 18 颗；26 日更发现 1 个极完整之头盖骨。对于这次伟大之收获，我们不能不归功于贾兰坡君。"

以上说的只是"北京人"化石产地的发现。早在 1934 年我们也曾在"北京人"遗址附近的山顶洞发现了山顶洞人共 7 个个体，同时还发现了大量的装饰品。山顶洞人的头骨与现代人的头骨相比，没有什么明显的差异，是属于距今 1.8 万年左右的晚期智人化石。

用列数字的方式具体说明了新生代研究室发现的"北京人"化石数量之多，更具说服力。

"北京人"头盖骨丢失之谜

阅读指导

"北京人"化石的丢失，牵动着各界人士的心。大家为这件已经过去半个多世纪的事情一直做着不懈的努力。然而，"北京人"化石的去向，至今还是一个谜。

文物的丢失牵动着大家的心，作者简单叙述，可见对于文物的丢失作者也耿耿于怀。

有关"北京人"化石丢失之谜，很多的报纸杂志都有过报道，本来与这本小书没有什么关系，可是这件事已经过去半个多世纪了，仍经常有人问起。这说明很多人对"北京人"化石丢失这件事情始终不能忘怀。1998年，我与其他13名中国科学院院士一起签名呼吁"让我们继续寻找'北京人'"，北京电视台、中国科学院等单位还共同发起了"世纪末的寻找"活动。所以就此机会，我还想占点儿篇幅再向读者简单叙说一下丢失的情况。

1937年"七七事变"，日本帝国主义全面侵华战争开始了，不久北平就被日军占领了。由于日美还没有开战，北平协和医学院仍在照常工作。当时所有在周口店发现的"北京人"化石、山顶洞人化石以及一些灵长类化石，其中还有一颗非常完整的猕猴头骨，都保存在协和医学院 B 楼解剖科的保险柜里。因为步达生和后来接替他的魏敦瑞都在那里办公。

1941 年，日美关系越来越紧张，许多美国人及侨民纷纷离开中国。魏敦瑞也决定离开中国去美国纽约自然历史博物馆继续研究"北京人"化石。他走前曾嘱咐他的助手胡承志把所有的"北京人"化石的模型做好，先做新的，后做旧的，越早动手越好。<u>还特别叮嘱胡承志，说在适当的时候，把所有的化石装箱，准备运往安全的地方保管。</u>

大约在珍珠港事件前三个星期，魏敦瑞的女秘书希施伯格通知胡承志把化石装箱。胡承志在征得裴文中的同意后，找到解剖科技术员吉延卿开始装箱。

装箱时非常仔细，先把化石用绵纸包好，再用卫生棉和纱布裹上，外边再包一层白软纸放入小木盒内，盒内也垫上卫生

"特别叮嘱"说明魏敦瑞对化石的保管十分重视，也非常细心和谨慎。

人类起源的演化过程 **35**

棉，然后分门别类装入两只没刷过漆的大木箱内，木箱与木盒、木盒与木盒之间还垫上了瓦楞纸。两只木箱一大一小，装好后，只在木箱上分别注上"Case 1"和"Case 2"的标记，随后送到协和医学院总务处长、美国人博文的办公室，后来箱子又由博文转运到了F楼4号保险库内。自此，"北京人"化石、山顶洞人化石及一些灵长类化石，其中还有一个极完整的猕猴头骨等全部没有了下落。

据说，珍珠港事件前，原打算把这两箱化石交给美国驻华大使詹森，托他找人带到美国交给当时中国驻美大使胡适保管，待战后再运回中国。美国大使詹森不敢接收，因为中美双方在成立"新生代研究室"时有协议："不能把所发现的人类化石运往国外。"后来还是当了国民党政府经济部长的翁文灏写了委托书，詹森才同意接收。装有化石的箱子被送往美国海军陆战队，又由美国海军陆战队运往秦皇岛，准备搭乘美国到秦皇岛接送海军陆战队和侨民的哈里森总统号轮船，前往美国。但哈里森总统号轮船在从马尼拉开往秦皇岛途中，正赶上太平洋战争爆

发，这艘船被日本击沉于长江口外。所以化石根本没有上船，负责携带这批化石的美国军医威廉·弗利在秦皇岛被日本军俘虏，从此这批世界文化瑰宝就失踪了。

日军占领了协和医学院后，日本就派了东京帝国大学人类学家长谷部言人和高井冬二两位助教来协和医学院寻找"北京人"化石。当他们打开 B 楼解剖科的保险柜，看到里面装的全是化石模型，才知道"北京人"化石被转移了。日本宪兵队到处搜寻，很多人都受到了连累。协和医学院总务处长博文，甚至连推车送化石到 F 楼 4 号保险库的工人常文学都被捉进宪兵队进行审讯。解剖科的教授马文昭教授可算是"二进宫"了，一次是为"北京人"化石，一次是为孙中山先生的内脏。其实这两件事都与他无关。裴文中在家中也受到讯问，并暂时没收了他的居住证。在那个时期，没有居住证是不能离开北平的，连上街行走都会遇到麻烦。

"北京人"化石丢失后，当时各大报纸都纷纷报道这一消息，再一次震惊世界学术界。尽管日本天皇知道这一消息后，命令日

真是惊险啊，还好化石被转移了，要是丢失的话就很难再找回了。

军总司令部负责追查化石的下落，日本军部又派了一名特务，专门到北平、天津、秦皇岛调查此事，但均无结果。从此传说纷纭，谣言四起。

日本投降后，中国国民党政府派代表团寻找被日本侵略者掠去的文物，其中没有"北京人"化石的标本。1946年5月24日，中国代表团的负责人、考古学家李济在给裴文中的信中说："弟在东京找'北京人'前后约5次，结果还是没找到。但帝大所存之周口店石器与骨器已交出，由总部保管。弟离东京时，已将索取手续办理完毕。"1949年4月30日，中国政府代表团团长朱世明向盟军总部递交了一份备忘录，里面附有一份详细的丢失化石的清单，请盟军对这批重要的科学标本协助进一步查询，仍是没有任何结果。

"北京人"化石的丢失，牵动着各界人士的心，好多人都自愿出钱出力，搜寻各种线索帮助寻找。但是绝大多数的线索没有任何价值。

1980年3月，我从瑞士驻华大使席望南

"北京人"化石的丢失真是令人叹息不已，它牵动着各界人士的心，化石可以找回来吗？留下悬念，引起大家思考。

处获悉，他认识当年准备携带"北京人"化石回美国的威廉·弗利博士。他非常愿意给弗利去信，就"北京人"化石丢失这件事叫弗利和我通信互相联系。弗利在给席望南大使的复信中说："请告诉贾兰坡教授，我对于寻找失落已久的标本仍然抱有希望。请他直接和我联系。"我很激动，因为珍珠港事件爆发后，弗利就成了日本人的俘虏。日本人后来一再声称他们并没把"北京人"化石弄到手，所以弗利就成了最后一个接触这批化石和掌握它们下落线索的关键人物。而多少年来，很多人想方设法来套取弗利有关这方面的"口供"，但他对一些关键性的细节始终都守口如瓶。于是，我给弗利写了第一封信，表示愿意更多地了解有关"北京人"化石下落的情况。

　　1980年6月15日，我接到了弗利5月27日从纽约的来信："你那令人激动的来信收到了。通过我们共同的朋友瑞士大使席望南的介绍，最后处理标本的科学家终于在多年之后和一位曾经受委托安全运送标本的官员相识了。多年来，我一直希望有那么一

弗利的回信真是太让人激动了，这也给了"我"寻找到这批化石的希望。丢失的化石能找到吗？

天，我的目的之一，就是要在我有生之年看到'北京人'化石安全回归北京协和医学院。""我确信它们没有被遗弃，而是被安全细心地保护着以待适当的时候重见天日。"

　　见了这封信，大家都很激动。瑞士大使对此事非常热心，拟请弗利秋季来华，并为他办理来华的一切手续。无奈因我9月份要出访日本，请弗利改期。而弗利以"贾先生推脱，恐怕另有难言之隐"多次向美国华人、运通银行高级副总裁邱正爵表示，要他访华，除非由中国国家领导人发出邀请。但后来条件越来越降级，改为由"政府邀请""科学院邀请"，最后由邱正爵做工作，改为由我出面邀请。我对弗利的狂妄态度深感不安，他提出的要求也太过分。1980年底，邱正爵访华并与我见了面。他还亲自到天津找到了弗利当年居住过的房子，仔细查看了房子内的情况，发现房子基本上保持着弗利描述的样子。但邱正爵回国后向弗利追问化石是否曾藏在那间房里时，弗利不置可否。邱正爵对弗利的态度也大为不满。

　　我也曾看过弗利在《71/72康奈尔大学医

访华一再延期，"我"能否和弗利顺利碰面？弗利是否知道化石的去向呢？一切都要待双方见面才能揭晓。

不置可否就是不说对，也不说不对，指不明确表态。

学院校友季刊》撰文介绍这段经历，他说化石不多，大概装在一打左右的玻璃瓶里时，我感到十分蹊跷，认为他见到的根本不是"北京人"化石。

他还说，他带着标本在秦皇岛等待登上美国轮船时，正赶上珍珠港事件，他被日军俘虏。因为他是医官，没有受到严格的检查，当把他们送往集中营时他还带着标本。当时不用说是个医官，就是再大的官也要接受检查呀！

我觉得弗利一点儿谱都没有，以后跟他断了联系。

1980年9月中旬到10月初，纽约自然历史博物馆名誉馆长夏皮罗偕女儿访华，他听一位美国朋友告诉他，"北京人"化石曾藏在天津的美国海军陆战队兵营大院6号楼地下室的木板层下。他到了天津，在天津博物馆的协助下，找到了兵营旧址，这里已成了天津卫生学校，而6号楼在1976年唐山大地震时倒塌，已经改成了操场。据学校的工作人员说，这些建筑物的地下室从未铺过木板。夏皮罗虽然还带着1939年拍摄的兵营

从"我"的态度可以看出，弗利这一线索也不靠谱，"北京人"化石的线索再一次断了。

建筑照片，但早已面目全非了。

1996年初，一位日本人在临终前，告诉他的朋友，说二战时丢失的"北京人"化石埋在距北京城外东24米处，即日坛公园神道附近，在一棵松树上还做了记号。这位日本朋友辗转告诉了中国政府。虽然中国专家不太相信，但还是对埋藏地点进行了技术探测，发现有点儿异常。科学院副院长做出了"抓紧时间，严密组织，保障安全，快速解决"的决定。6月3日上午正式动土发掘，前后近三小时，没有结果。探测异常可能是由于钙质结核层引起的。

北京电视台、中科院古脊椎动物及古人类研究所等单位发起的"世纪末的寻找"上了电视和报纸后，我又收到了很多提供线索的来信，但绝大多数的来信没有任何价值。日本的一家通讯社也来信说，他们听闻在北海道有些线索，准备派人前往调查，但后来也没任何信息。

"北京人"化石是国宝，也是属于世界的、全人类的，有很重要的科学价值。在我有生之年，我当然希望能再见到它们，这也

"虽然……但……"表示转折关系，表明前后逻辑关系的对立，说明中国专家不愿意放弃一丝希望。

是我们老一辈科学家的心愿。这正像我们 14
名院士做出的"让我们继续寻找'北京人'"
的呼吁所说的那样:"也许这次寻找仍然没
有结局,但无论如何,它都会为后人留下珍
贵的线索和历史资料。并且它还会是一次我
们人类进行自我教育、自我觉悟的过程,因
为我们要寻找的不仅仅是这些化石本身,更
重要的是要寻找人类的良知,寻找我们对科
学、进步和全人类和平的信念。"

此处点出了
前文中"我"想叙
述"北京人"化石
丢失的主要原因。

找到了比"北京人"更早的人类化石

阅读指导

实事求是，是作者一直坚守的原则。西侯度遗址的发现，使更多的人确信"北京人"不是最早的人类；蓝田直立人的发现，又一次在国内外引起轰动。至此，关于"北京人"是不是最早人类的争论画上了圆满的句号。

对待科学的态度，我认为人的头脑要围着事实转，不能让事实围着自己的头脑转。对的就要坚持，不管你面对的是外国的权威，还是中国的权威，错了就要坚决改，不改则会误人、误己。

科学是要以事实为依据的，争来争去，没有证据也是枉然。

用直抒胸臆的方式表达了"我"的观点。

1953 年 5 月，山西省襄汾县丁村以南的汾河东岸，一些工人在挖沙时，发现了不少巨大的脊椎动物化石。山西省文物管理委员会接到报告后，派王择义前往调查。在县

人类起源的演化过程 **45**

政府的协助下，征集到了1.1米长的原始牛角、象的下颌骨、马牙等动物化石，还有一些破碎的石器、石片和很像是人工打制的带有棱角的石球。同年，中科院古脊椎动物研究室的古脊椎动物专家周明镇到山西了解采集的脊椎动物化石的情况，他见到了这些石片，认为有人工打击的痕迹，就把动物化石和石片等都带到了北京，准备进一步研究。

旧石器除周口店外，在我国发现很少，大家见到周先生带回的材料非常高兴，并把夏鼐（nài）、袁复礼等专家请来，一是观看标本，二是讨论丁村地点是否应该发掘。结果大家一致同意把丁村发掘工作作为1954年古脊椎动物研究室的工作重点。1954年6月，裴文中与山西省文管会的王建又到丁村进行了复查。由我任发掘队队长，裴文中、吴汝康、张国斌及山西省的王建、王择义等人参加，9月下旬到丁村开始发掘。我们先进行了普查，共发现了9处化石点，编号为54：90~54：98。后又在附近发现了5处，编号为54：99~54：103。前后共发现了14处。我们只选择了9处地点发掘，重点集中

列数字，准确地说明了发掘的时间、工作量和化石的数量，客观地反映了发掘的实际情况，有较强的说服力。

在 54：98、54：99 和 54：100 三个地点。我们共计发掘了 52 天，挖土方 3320 立方米，共采集包括蚌壳、鱼、哺乳动物化石、石器等 40 余箱。在 54：100 地点还发现了 3 颗人牙。后经吴汝康先生研究，认为人牙属于"北京人"与现代人之间的人类——丁村人。石器经我和裴文中研究，就时代而论，比周口店中国猿人（"北京人"）文化及第 15 地点的文化较晚，即属更新世晚期。但丁村文化是我国发现的一个旧石器时代中期文化，无论在中国和欧洲，以前都没有发现类似文化。最初我们推论丁村文化是山顶洞人和"北京人"之间的一个环节，我们把各地点的石器都作为同一个时期的石器来看待。随着进一步研究，才发现各地点的时代并不相同，各地点的石器类型也不一致。

丁村旧石器遗址的发现，证明了旧石器文化在中国有着不同的传统，并非只有周口店"北京人"一种传统。丁村人的时代也比"北京人"的时代晚。虽然还没找到比"北京人"更早的人类化石和文化，但这对于这门学科也是可喜可贺的。

1957 年和 1959 年，为了配合三门峡水库的建设，<u>中国科学院古脊椎动物与古人类研究所</u>在那一带做了许多工作。从发现的材料看，那一带是研究第四纪地质、哺乳动物化石和人类遗迹的重要地点。1960 年，我们把匼（kē）河一带作为年度工作重点，同年 6 月，我带队前往发掘，重点定为 60：54 地点。那里的地层剖面很清楚，最下面的是淡褐色黏土，时代应为距今 100 多万年的更新世早期。在这层上面含有脊椎动物化石和旧石器的桂黄色的砾石层，有 1 米厚；往上是 4 米厚的层次不平的交错层；再上是 20 米厚的微红色土，夹有褐色土壤和凸镜体薄砾石层；最上面是年代很晚的细沙和沙质黄土。在这里我们发现了扁角大角鹿、水牛、师氏剑齿虎等哺乳动物化石。发现的石制品是以石片为主，有大小石片和打制石片剩下来的石核以及一面或两面加工过的<u>砍斫</u>（zhuó）器等。扁角大角鹿在周口店"北京人"地点最下层和第 13 地点也发现过，根据这种动物的生存年代和绝种年代，我们认为匼河地点的时代应划为更新世中期的早期。从石器

中华人民共和国成立后，新生代研究室归属中国科学院，在新生代研究室的基础上，1953 年建立了中国科学院古脊椎动物研究室，1957 年改为现名。

砍：劈，斩。斫：砍，削。砍斫的意思是用刀斧等猛剁，用力劈。

上观察，"北京人"的石器在制作技术上比匼河发现的石器有进步。尽管匼河的石器也有早晚之分，我们都按同一个时代看待它们，无疑匼河的石器要早于"北京人"使用的石器，至少 60∶54 地点的发现是如此。

　　虽然我们把重点放在匼河，但仍派出一部分人在附近搜寻新地点。在距匼河村东北 3.5 千米，黄河以东 3 千米的西侯度村背后，当地人称为"人疙瘩"的一座土山之下的交错沙层中，我们发现了 1 件粗面轴鹿的角，粗面轴鹿生活在 200 万~100 万年前。在发掘粗面轴鹿角的过程中，还发现了 3 块有人工打击痕迹的石器。为了慎重起见，我们在《匼河》一书中只说："其中还发现了几件极有可能是人工打击的石块。"1961 年的 6 至 7 月间和 1962 年春夏之际，王建又主持了两次发掘。发掘都是在"自然灾害"等原因造成的全国都处在生活极端困难的情况下进行的。西侯度地点的地层剖面十分完整，总厚 139.2 米。产化石和石器的地层位于距底部 79 米之上的交错沙层中，有 1 米左右厚。从剖面就能看出，含化石和石器的地层属于更

过渡句，起承上启下的作用，点明匼河的重要性，引出下文。

新世早期。发现的哺乳动物化石有剑齿象、平额象、纳玛象、双叉麋鹿、晋南麋鹿、步氏真梳鹿、山西轴鹿、粗壮丽牛、中国长鼻三趾马等，它们都是更新世早期的绝灭种。与化石同层发现的石器，除1件为火山岩、3件为脉石英外，其余都是各种颜色的石英岩。在石器组合中，有石核、石片、砍斫器、刮削器和三棱大尖状器，最大的石核有8.3千克重。我和王建在研究了这些石器后，写了《西侯度——山西更新世早期古文化遗址》一书。

西侯度遗址的发现，使更多的人确信"北京人"不是最早的人类，这从文化遗存上得到了证实。能不能找到100万年前的人类化石呢？

1959年，地质部秦岭区测量大队的曾河清在一次三门峡第四纪地质会议上，介绍了陕西省蓝田县泄湖镇的一个第三纪和第四纪的剖面。同年，中国科学院地质研究所的刘东生先生也到泄湖镇采集脊椎动物化石标本，并对第三纪地层作了划分。根据这条线索，中国科学院古脊椎动物与古人类研究所

过渡段，有承上启下的作用，使文章连贯、结构严谨。能不能找到更早的人类化石呢？此处设置悬念，引起思考。

于 1963 年 6 月派出张玉萍、黄万波、汤英俊、计宏祥、丁素因、张宏 6 人组成的野外工作队，到蓝田县一带开展了系统的地质古生物调查和发掘。7 月中在距蓝田县西北 10 千米的泄湖镇陈家窝村附近发现了一个完好的人类下颌骨和一些石器。下颌骨经吴汝康先生研究是距今 60 万~50 万年前的直立人下颌骨。吴先生定名为"蓝田猿人"。这一发现增加了蓝田地区在学术上的重要地位。

1963 年第四季度，全国地层委员会扩大会议在北京举行。会上提出中国科学院古脊椎动物与古人类研究所与其他单位协作，再次对蓝田地区进行大范围的新生代时期的地层的详细调查。参加这次调查的有地方部门、大专院校和中国科学院有关研究所共 9 个单位，对这一地区的地层、地貌、冰川、新构造、沉积环境、古生物、古人类和旧石器考古等涉及的领域进行综合性的考察和研究。古脊椎动物与古人类研究所除了参加地层调查工作外，还承担古生物、古人类和旧石器的发掘和研究。

1964 年春，所里派遣了以我为队长、由

从参加调查单位的数量可以看出，此次调查规模大、范围广，得到了国家相关单位的重视。

赵资奎等人组成的发掘队，对蓝田地区新生界进行了更大规模的调查和发掘。经过 3 个月的努力工作，我们不仅填制了 450 平方千米的 1：50000 新生代地质图，实测了 30 多个具有代表性的地质剖面，还发掘出大量的脊椎动物化石和人工石制品。5 月 22 日在蓝田县城东 17 千米的公王岭发现了 1 颗人牙。当我赶到发现地点，天下着小雨，大家正围着大约有 1 立方米被钙质结胶的土块商量，土块上露出了很多化石，化石很糟朽，一不小心，会把化石挖坏，能否整块地运回北京，再慢慢地修理？经过讨论，大家决定用"套箱法"，即用大木箱将土块套起来，再将土块底部挖空，把箱子扶正，往空隙处灌上石膏。这一箱被钙质结胶在一起的化石运回北京后，经过技工几个月的修理，除了修出来哺乳动物化石外，10 月 19 日还修出了 1 颗人牙。几天后又出现了 1 个人的头盖骨、1 个上颌骨和 1 颗人牙。

人类化石经吴汝康先生研究认定是距今 110 万年前的直立人头骨。吴先生也把它定名为"蓝田中国猿人"。其实公王岭的头骨应

列数字，450、30 多等数字，说明了发掘队对蓝田地区的发掘规模之大。

称"蓝田直立人"，简称"蓝田人"，而陈家窝的下颌骨从构造看应属"北京人"。

蓝田直立人的发现，又一次在国内外引起轰动，这是继20世纪20年代末、30年代中期周口店发现了"北京人"之后，在我国发现的又一个重要的直立人头骨化石。它不仅扩大了直立人在我国的分布范围，而且把直立人生存的年代往前推进了五六十万年，从而给在我国有没有比"北京人"更早的人的争论画上了圆满的句号。

随之，1965年在我国的云南省元谋盆地上那蚌村附近的小丘梁发现了2颗人的上门齿，经研究测定，为170万年前的直立人化石。1998年在四川省巫山县的龙骨坡也发现了200万年前的石器，安徽省繁昌县也发现了240万~200万年前的石器。这证明了人类的历史越来越提前。

"不仅……而且……"是表示递进关系的关联词，后面的分句比前面的分句表示更大、更深、更难的方向。

人类起源的演化过程

阅 读 指 导

　　人类起源的演化过程到底是怎样的呢？人、猿、猴的祖先又是什么样的呢？让我们来了解一下灵长类动物的起源吧！

　　周口店发现了"北京人"头盖骨之后，人们对人类起源的认识大为改观。过去反对人类起源于猿，说"人就是人，怎么能是从猿猴变来的呢"的这些人沉默了。在周口店不但发现了人的头盖骨，而且还发现了人工打制的工具——石器以及骨器、鹿角器、灰烬、烧石、烧骨等人为的证据。我曾说过这样的话："'北京人'解放了其他国家所发现的早期人类化石。"

　　随着社会不断地前进，古人类学和旧石器考古学不断地发展和壮大，许多珍贵的人类化石和古人类使用的石器在世界各地不断地被发现，古人类学基本上已经能够较完

引用"我"说的话，突出了"北京人"化石的重要性，也侧面反映出"北京人"化石的巨大价值。

整地向人们展示人类演化的历史全过程。尽管我们对人类进化过程的认识仍存在很多缺环，有些问题还有很大的分歧和争议，但人类起源于猿再没有人反对了。

既然人是从猿进化来的，人猿同祖，那么，人、猿、猴的祖先又是什么样的呢？这就要先了解灵长类的起源。

最古老的灵长类，也就是人类及现代所有猿猴的共同祖先，可上溯到 6500 万年前的古新世。这种动物不像猴，倒像松鼠，是爱在地上乱窜、专门以昆虫为食的胆小哺乳动物。在古新世，地球上到处都是热带森林，在这大片的森林中有很多很多外形像老鼠的哺乳动物，像今天的田鼠、鼹鼠、豪猪等都是它们的近亲。可能树上的食物比地上的丰富，有一些像老鼠一样的早期哺乳动物开始爬上了树，以果实、昆虫、鸟蛋及幼鸟为食。今天仍有这种早期灵长类的后裔，称它们为"原猴"，其中包括狐猴和眼镜猴。这些原猴几千万年以来，体形骨骼几乎没什么变化，因为它们非常适应这样的生活环境。但是另外一些种类的原猴变化很大，它们随着环境、气候或其他与之生存相关的动物的变化，可能影响到物种的演变。这种变化大的原猴，由于树栖生活的缘故，它们的后肢变长，前爪渐渐失去了像鼠类那样的尖爪，变成了扁平的指甲。以后它们出现了特有的神经系统，能控制肌肉运动。特别是立体视觉的产生，大幅度地转动脑袋，使它们能准确地判断距离。大脑不断地频繁处理从感觉器官传来的信息，并指挥四肢运动，所以大脑的进化和相对体积也都比其他动物大。到了 3800 万年前的始新世晚期至渐新世早期，至少已经有了较为高等的灵长类。

人类起源的演化过程真是漫长呀，科学家们能追溯到这么远的时代，真了不起！

有一种叫"副猿"的灵长类，它们的颌骨和牙齿与现代原猴类相近，是现代的眼镜猴或狐猴的祖先；还有一种叫"原上新猿"，它们身体的大小和一些结构细节与长臂猿相近；再有一种叫"埃及猿"，它们的牙齿结构是典型的猿类，行动方式上也显示出了高等灵长类的特点。这类灵长类化石于 1966 年在埃及法尤姆大约 3200 万年前的渐新世地层中被发现，一些科学家认为很可能是人和猿的共同祖先。

列出发现森林古猿化石具体的时间和地点，科学家通过这些发现推断出森林古猿距今时间，但是他们的推断准确吗？还有待进一步考证。

在亚、非、欧三大洲距今2000万~1400万年前的中新世地层中，出土了许多被称为森林古猿的化石。1956年，在我国云南省开远小龙潭的煤层中发现了一些牙齿，也被定为森林古猿。森林古猿的化石发现很多，且与黑猿较相似，但一些特征很像猴子。人们发现森林古猿的个体差异很大，有的很小，有的很大，有的在大小之间。一些科学家认为人类有可能是由某个地方的森林古猿种群演化来的。

细节描写，此处描写了拉玛古猿的外形，并与其他猿类进行对比，突出了它的特别。

1932年，美国古人类学家路易斯在印度和巴基斯坦交界处的西瓦拉克山发现了一件中新世晚期的灵长类右上颌残片，将它称为拉玛古猿。它的齿弓不像其他猿类那样呈两侧缘，而几乎是平行的U形，显示出似人类的抛物线形。猿类有很长的犬齿，而人类的犬齿很小，拉玛古猿的犬齿也很小。拉玛古猿的生存年代估计在1000万~800万年前。与拉玛古猿伴生在一起的还有另一种猿类化石，被称为"西瓦古猿"。它与拉玛古猿很相似，只不过拉玛古猿具有一些似人的性状。从20世纪50年代以来一些专家把拉玛古猿看作是人类演化中最古老的猿类祖先，曾被称为"尚不懂制造石器的人类的猿型祖先"。也有一些学者认为拉玛古猿和西瓦古猿是同一类古猿，只是性别的差异。而拉玛古猿与人无关，只是亚洲的褐猿的直系祖先。

到目前为止，究竟哪类古猿是人和猿的共同的祖先，众说纷纭，有待于新的材料的发现和更深入的研究。

1924年，在南非（阿扎尼亚）的塔昂，采石工人发现了一具似人又似猿的残破头骨，经南非约翰内斯堡维特瓦特斯兰德大学解剖学教授利芒德·达特的研究，认为这是一具6岁左右的幼儿头骨，全套乳齿保存完整，臼齿的恒齿已开始长出，犬齿像人一样很小，并能直立行走，这具塔昂幼儿可能代表了猿与人的中间环节，被定名为"非洲南猿"。1925年，达特在英国《自然》杂志宣布了这一发现，声称找到了人类的远祖。但是，在当时这一发现遭到了各方面的怀疑而被埋没了很多年。南非比勒陀利亚特兰斯瓦尔博物馆脊椎动物馆馆长罗伯特·布鲁姆认为达特的判断是对的，只不过没有足够的证

过渡句，起承上启下的作用，总结了前文中有关"人类起源"的几种说法，并引出下文。

分别介绍了
南猿化石的两种
类型，使读者一
目了然。

据。经过他多年的不懈努力，终于找到了不少南猿的化石材料。这些南猿化石有两种类型，一种叫纤细型南猿，一种叫粗壮型南猿。而且南猿能直立行走，是早期人类的祖先。

在以后，非洲有很多地方发现过南猿化石。如南非的塔昂、斯特克方丹、克罗姆德莱、斯瓦特克兰斯、马卡潘斯盖等，东非坦桑尼亚的奥杜威峡谷、肯尼亚的图尔卡纳湖东岸、埃塞俄比亚的奥莫河谷等地区都有发现。亚洲南部也有可能找到它们的踪迹。

1974 年在埃塞俄比亚的哈达地区找到了一具保存达 40% 的骨架遗骸。这是一种十分矮小纤细的南猿，被称为"露西少女"。这是一种新的，更古老、更原始的南猿，被定名为"南猿阿法种"，经年代测定，生活在330 万 ~280 万年前。此后又掀起了寻找人类祖先的高潮。

正是由于许
多科学家的不懈
努力，才会不断
有新发现，他们
的执着精神让人
佩服。

肯尼亚内罗毕柯林顿纪念博物馆的馆长路易斯·利基夫妇及儿子、儿媳，多年来一直为寻找人类的远祖和石器的制造者默默地在东非工作着。1950 年，老利基夫妇在东非坦桑尼亚奥杜威峡谷找到了一个头骨。这个头骨从外表上看很像粗壮南猿，臼齿很大，但仔细观察其牙齿更像人的。利基将它定名为"东非人鲍氏种"。后来这具头骨归属南猿类的一个种叫"南猿鲍氏种"。1959年，利基夫妇又在奥杜威找到了简单的、用鹅卵石制造的工具，被称为"奥杜威工具"。1960年，利基的儿子又在东非距发现东非人不远的地方发现了牙齿和骨片，这些比鲍氏种甚至比纤细型南猿更具有人的特点。利基将这具化石定为"能人"，认为这些"能人"是石器工具的制造者。这一看法被大多数学者所接受。

根据目前发现的化石材料看，学者们对人类的早期演化得出了大概的轮廓：

1. 人与猿至少在500万年前就分道扬镳（biāo）了。

2. 400万~250万年前，远古人类在进化过程中，分成不同的几支，先进的与落后的同时并存。

3. 先进的一支继续向着直立人发展。落后的类型逐渐地灭绝。

"能人"再进一步进化，就成了直立人，

分道扬镳：指分道而行，比喻因目标不同而各奔各的前程或各干各的事情。

他们生活在170万~30万年前。过去将他们称为"猿人"，比如，"爪哇猿人""中国猿人"（也称"北京猿人"）"蓝田猿人"等。实际上，现在看来直立人是人类在进化过程中的一环，他们会打制不同用途的石器，有用火的文明史，而且脑量已达1000~1300毫升；下肢与现代人十分相似，说明其直立姿态已很完善。所以我们现在将他们称之为人，如"北京人"、蓝田人、元谋人等。虽然把这一阶段的人在学术上称为直立人，但并不能说明南猿和"能人"不能直立行走。在人类起源的整个过程中，人们最初对于直立人的全面认识，主要来自"北京人"的发现及对其文化的研究。所以，1929年裴文中在周口店发现的第一个"北京人"头盖骨在研究人类起源过程中占有重要的地位。

前面我们已经介绍了直立人发现的经过。直立人再进化就到了智人阶段，他们生活在20万~1万年前，智人特别是晚期智人与现代人在体质上基本上没有多大的区别。

人类诞生在地球历史上的位置

阅 读 指 导

伴随着人类化石材料不断地被发现，人类的历史也越来越提前，那么，人类诞生在这个神奇的地球历史上的哪个位置呢？

人类进化的历史已经有几百万年了。但与地球的历史相比较，也只不过是很短很短的事。尽管早期的人类化石材料不断地被发现，人类的历史也越来越提前。根据我个人的观点，人类的历史已经有 400 万年了，但与地球的历史相比也只是一瞬间。

运用了对比的修辞手法，将人类的历史与地球的历史相比较，凸显了地球历史的悠久。

现在探索的结果是，地球的形成已有 45 亿~50 亿年了。根据地史学的研究和国际上的统一规定，整个地球的历史分为五个大的阶段，这五大阶段称作"代"：太古代、元古代、古生代、中生代、新生代。每个代再分成若干个次一级的单位，叫作"纪"；每个纪再分整个地球的历史分为五大阶段，每个阶段又分成若干个次级单位，清晰的分类让我们清楚地了解各个时代和阶段。

成若干个再次一级的单位，叫作"世"。还有的国家和地区，把"世"又分成若干个"期"。

太古代，地球形成之后，很长一段时间内是没有生命的，生命还处在化学进化阶段，这个年代距离我们今天太遥远了。

元古代，大约距今 17 亿年前，地壳发生了一次大的变动，生物界出现了一次大的飞跃，生命从化学进化阶段一跃而进入了生物进化阶段，有生命的物质开始出现。元古代又分成前震旦纪和震旦纪。

古生代，大约在距今 5.7 亿年前，地球

的环境又发生了一次大的变动，促使生物界出现了一次空前的大飞跃，大量的古代生物开始出现在地球上。古生代分成了 6 个纪：寒武纪，始于 5.7 亿年前，结束于 5 亿年前；奥陶纪，始于 5 亿年前，结束于 4.4 亿年前；志留纪，始于 4.4 亿年前，结束于 4 亿年前；泥盆纪，始于 4 亿年前，结束于 3.5 亿年前；石炭纪，始于 3.5 亿年前，结束于 2.85 亿年前；二叠纪，始于 2.85 亿年前，结束于 2.3 亿年前。

中生代，大约在二叠纪末期，由于环境

用具体的数字将古生代由远及近进行了划分，这样更有利于读者理解，加深印象。

适宜，地球上的脊椎动物大量涌现，特别是爬行动物空前繁盛。各种"龙"特别多，水中有鱼龙，空中有翼龙，陆上有各种恐龙，所以中生代又称为"龙的时代"。中生代划分为三个纪：三叠纪，始于2.3亿年前，结束于1.95亿年前；侏罗纪，始于1.95亿年前，结束于1.35亿年前；白垩(è)纪，始于1.35亿年前，结束于6700万年前。

新生代，在中生代末期，地球的气候发生突然变化，也有人认为是彗星撞上了地球，植物大量毁灭，引起了生物界的连锁反应，以植物为生的动物大批大批灭绝，又给以食肉为生的动物带来了死亡的威胁。总之，在地球上称霸一时的各类恐龙大批绝灭，而在中生代出现的一支弱小的哺乳类动物，得到了生存和发展的机会，派生出很多支系，使地球上的生物出现了一个崭新的面貌，地球也进入了一个更加繁荣的新时代。新生代分两个纪：第三纪和第四纪。第三纪又划分五个世：古新世、始新世、渐新世、中新世、上新世。第四纪分为两个世：更新世和全新世。

一个物种的毁灭会引起另一个物种的变化，看来物种间是相互联系、相互影响的。

人类是在第四纪开始出现和进化的，比起地球的历史当然是一瞬间的事。有一位科学家打了一个通俗的比喻，如果把地球的历史比作一天的 24 小时，那么 1 秒相当于地球历史的 5 万年。按现今的发现，把人类的历史按 300 万年计算，人类的出现只相当于 24 小时的最后一分钟。

午夜零点	地球形成
5 时 45 分	生命起源
21 时 12 分	鱼类产生
22 时 45 分	哺乳类动物出现
23 时 37 分	灵长类出现
23 时 56 分	拉玛古猿出现
23 时 58 分	南方古猿出现
23 时 59 分	"能人"出现
午夜前 30 秒	直立人出现
午夜前 5 秒	智人出现

第四纪开始的重要标志是人类的出现。由于古人类化石不断地被发现，而且人类化石的年代越来越早，所以第四纪起始的年代也越来越往前提。20 世纪二三十年代，在古人类学和考古学研究领域中，一般认为"北

京人"是属于更新世早期的人类。第四纪起始年代定为距今约 60 万年前。随着爪哇人被承认为直立人阶段的古人类，而且年代比"北京人"还要早，国际地质学会 1948 年在伦敦的会议上，把欧洲的维拉方期和中国的泥河湾期划归为更新世早期，"北京人"生活的时代为更新世中期，第四纪起始年代改为约 100 万年前。到了 20 世纪 60 年代，超过 100 万年的古人类化石又不断地有了新发现。第四纪起始年代又前推到了 200 万~150 万年前。近十多年，非洲大陆不断地有更早的人类化石发现，第四纪起始年代又推到 300 万年前。

我认为，根据目前的发现，必将在上新世距今 400 多万年前的地层中找到最早的人类遗骸和最早的工具，人能制造工具的历史已有 400 多万年了。

1989 年，在美国西雅图举行的"太平洋史前学术会议"上，我曾建议把地质年表中的最后阶段"新生代"一分为二，把上新世至现代划为"人生代"，把古新世至中新世划为"新生代"。我认为这样的划分比过去的划分更明确。

随着古人类化石的不断被发现，人类的认知也在不断地发生变化，因此新生代第四纪的起始年代也在不断被往前推。

21世纪古人类学者的三大课题

阅读指导

　　人类起源的时间、人类起源的地点、人类在演化过程中先进与落后的重叠现象这三大课题，是21世纪古人类学者和旧石器考古学者面临的重大问题。

　　随着我国的改革开放，经济上的崛起，科教兴国政策的实施，在科学和文化领域必将有一个崭新的面貌。有人称21世纪是中国在各方面全面发展的世纪。从20世纪初我国兴起的古人类学、旧石器考古学，到目前为止，人类起源的时间、人类起源的地点、人类在演化过程中先进与落后的重叠现象这三大课题还没有一个满意的答案，这将是这门学科在21世纪的主要研究课题，也是古人类学研究中最引起人们注目和最富有吸引力的课题。

　　人类起源的地点，最初有人认为是欧

此处列举了21世纪古人类学者的三大课题，直奔主题，引起读者兴趣。

洲，因为欧洲研究古人类的历史较早，最早发现的古人类化石也在欧洲。随着古人类学的发展，古人类化石和文化的不断发现，"欧洲起源说"没人赞同了，就连欧洲的学者也承认人类起源地不在欧洲。后来非洲发现了古人类化石，有人把目光转向了非洲，说人类起源于非洲。当亚洲有了更多的古人类化石发现后，又有人认为亚洲是人类的发祥地。这个问题直到现在还在争论。

美国学者马修1911年在纽约科学院宣读了《气候与演化》的论文（1915年正式出版），论文中他支持1857年利迪提出的人类起源于"中亚"的论点。利迪认为，在中亚高原或附近地带出现了最早的人类。不过利迪的论点在当时没有受到人们的重视和接受。美国人类学家奥斯朋1923年提出：人类的老家或许在蒙古高原。他认为最初的祖先不可能是森林中人，也不会从河滨潮湿、多草木、多果实的地方崛起。只有高原地带环境最艰苦，人类在那里生活最艰难，因而受到的刺激最强烈，这反而更有益于演化，因为在这种环境中崛起的生物对外界的适应

有关于"人类起源的地点"的问题一直在被人们所争论，人类起源的地点到底是哪里呢？引起读者的思考。

性最强。

我的观点是，人类起源于亚洲南部即巴基斯坦以东及我国的西南广大地区。这是因为1965年在我国云南省元谋盆地发现了170万年前的元谋直立人牙齿，1975年在云南省开远县和禄丰县发现了古猿化石，这种最初定名为拉玛古猿的化石出土的褐煤层，距今有800万年的历史，处于中新世晚期到上新世早期。这种古猿最带有人的性质，被称为"尚不懂制造石器的人类的猿型祖先"。在元谋县班果盆地也有人超科化石的发现。

1975年，中国科学院古脊椎动物与古人类研究所的专家们，到喜马拉雅山脉中段和希夏邦马峰北坡海拔4100~4500米的古陆盆地考察，发现了时代为上新世的三趾马动物群。除三趾马外，还有鬣（liè）狗和大唇犀等。从三趾马的生态环境看，那里多是森林草原的喜暖动物。根据当地孢子和花粉化石分析，此地曾生长椎木、棕榈、栎树、雪松、藜（lí）科和豆科植物，这些都是属于亚热带植物。

1966－1968年，中国科学院组织的珠

"我"阐述了自己的观点，也在后文中说明了原因和依据，启迪和引导读者，要勇于提出新观点，找到新依据。

鬣狗：形如大狗。体格强壮结实，常成群夜出捕猎斑马、角羚等有蹄类动物；也吃动物尸体和腐肉，一般分布于亚洲和非洲地区。

穆朗玛峰综合考察队，连续三年在那里进行考察和研究。郭旭东先生发表了论文，认为在上新世末期（200多万年前），希夏邦马峰地区的气候为温湿的亚热带气候，年平均温度为10℃左右，年降水量2000毫升。喜马拉雅山在上新世时高度约海拔1000米，气候屏障作用不明显。这些条件都适合古人类的生存。我在1978年出版的《中国大陆上的远古居民》一书就这样表述过："由于上述的理由我赞成'亚洲'说，如果投票选举的话，我一定投'亚洲'的票，并在票面上还要注明'亚洲南部'字样。"

关于人类起源的时间也是大家最关心的问题。人是由猿进化来的，已经没有疑义了，那么人猿相区别是在什么时候呢？人是与猿刚一区别的时候就应该叫作人，还是从能制造工具的时候才算人呢？周口店"北京人"被发现之后，才知道人已有50万年的历史了。随着对"北京人"使用的工具——石器的深入研究，发现它们的加工很细，不但能选用石料，还能分出各种类型，这证明"北京人"因用途不同而会打制不同类型的

人们普遍认为人是由猿进化而来的，作者又抛出了一个新问题，引起读者思考。

石器。再有，在"北京人"遗址发现了灰烬，而且成堆，里边还有被烧烤过的石头和动物骨骼，这证明"北京人"不但已经懂得使用火，而且还会控制火。这些进步都不可能在很短的时间内认识到或者做到，必须经过很长时间的实践和总结。因而我和王建先生提出了"北京人"不是最原始的人的论点，并发表了《泥河湾期的地层才是最早人类的脚踏地》的短论，引起了长达 4 年之久的公开争论。随后发现了元谋人、蓝田人化石，西侯度、东谷坨、小长梁等地的石器，经研究证明，它们都比"北京人"早得多，距今已有 180 万 ~100 万年的历史。就文化遗物——石器而言，目前发现的石器都有一定的类型和打制技术，当然不能代表最原始的技术，但目前谁也不能肯定地说出最原始的石器是什么样。现在发现又有了最新进展，在四川省巫山县的龙骨坡发现了 200 万年前的石器，在安徽省繁昌地区也发现了 240 万 ~200 万年前的石器。

我在 1990 年发表的《人类的历史越来越延长》一文中说过："……（人）能制造工具

1997 年，巫山县划归重庆直辖市。

的历史已有 400 多万年了。"说来也巧，这篇文章发表不久，美国人类学家就在非洲发现了 400 多万年前的人类化石。

　　人类在演化过程中的重叠现象是非常复杂而又十分棘手的问题。人在演化过程中并不是呈直线上升的，而是原始与进步同时并存的，我把它叫作"重叠现象"。这种现象最为显著的表现是，辽宁省营口发现的金牛山人和周口店发现的"北京人"相比，金牛山人比"北京人"要进步得多，属早期智人。而"北京人"生活的年代是 70 万~20 万年前，在这段时期内，"北京人"的体质变化不大，这就说明先进的金牛山人出现的时候，落后的"北京人"的遗老遗少们还仍然生存于世。他们之间可能见过面，也可能为了生存彼此之间还打过架。这种重叠现象，并非仅在中国存在。

下定义，用简洁明确的语言概括了重叠现象的本质特征。

　　重叠现象不仅存在于人类演化的过程中，他们遗留下来的石器也屡见不鲜。过去我在华北工作的时间较长，把华北的旧石器文化划分为两个系统，这是按照石器的大小和使用的不同划分的。在广大的国土上是否

人类起源的演化过程 **75**

设问句，作者用自问自答的形式突出主要论点和问题。

虽然有了新的证据和观点，但还是有很多问题令人百思不得其解，此处留下悬念，引起读者的思考。

有其他系统和类型？答案是肯定的。因为人类有分布，文化有交流和交叉。

在河北省阳原县小长梁发现的细小石器，制作精良，最小的还不到1克重。这些石器能与欧洲10万年前的石器媲美。1994年中国科学院地球物理研究所专家用先进的超导磁力仪测定，小长梁遗址距今为167万年。虽然这为我提出来的"细石器起源于华北"增加了证据，但石器之小，打制技术之好，年代之久远，都出人意料。是什么人打制的呢？仍是令人百思不得其解。

综上所述的三大问题，是21世纪古人类学者和旧石器考古学者面临的重大课题。不是外国人说什么就是什么，也不是一两个"权威"就能说了算数的，这是全世界这门学科的学者所面临的课题。既然如此，就应该展开国际间的合作，特别是培养更多的年轻人加入到这门学科队伍中来，他们思想开放，更容易掌握先进技术和方法。要解决这三大课题，古人类学者和旧石器考古学者任重而道远。

保护"北京人"遗址

阅读指导

　　在周口店"北京人"遗址里，发现古人类和古脊椎动物化石材料之多、背景之全，在世界都是首屈一指的。它是宝贵的世界文化遗产，我们都应该对此有所了解和重视。

　　我是从发掘周口店起家的，我的成长、事业、命运都与周口店紧紧地连在一起。没有周口店，也就没有我的今天。青少年朋友可能不知道有我这个贾兰坡，但一定知道周口店"北京人"遗址，这在课本上都会学到的。在周口店"北京人"遗址里，发现古人类和古脊椎动物化石材料之多，背景之全，在世界上是首屈一指的。很多科学论著、科普文章、教科书以及一些报纸杂志在论述人类起源问题时，不论是国内的还是国外的，都会提及周口店。这也说明周口店在研究人类起源问题上的重要位置。1987年，联合国

首屈一指的意思是弯下手指头计数，首先弯下大拇指，表示位居第一。

教科文组织将周口店"北京人"遗址列入《世界文化遗产名录》。1992年，北京市政府把周口店"北京人"遗址列为北京青少年教育基地。同年，它又被评为北京十大世界旅游景点之一。1993年，在第七届全运会上，我亲手在这里点燃了"文明之火"的火种，它与"进步之火"在天安门广场汇合，象征着中华民族的文明与进步日新月异。

到1999年的12月2日，距离"北京人"第一个头盖骨的发现已经70年了。自从敲开了"北京人"之家的大门后，"北京人"遗址有了它非常辉煌的时期，而如今由于经费不足，无力保护和修缮，第1地点、山顶洞、第4地点、第15地点都受到不同程度的损坏。有人在著述中很形象地比喻说："它就像人们迁入了现代化的公寓后，无意再光顾昔日的竹篱茅舍一样受人冷落。"有人在《光明日报》上撰写文章说，周口店遗址以厚厚的尘埃和萧条陈旧的衰落之态呈现于世人面前。1988年，联合国教科文组织在中国考察了几处文化遗产，指出周口店遗址比起故宫、长城、秦俑、敦煌，是目前保护

通过引用著
作中的比喻和文
章中的语句，侧
面说明了"北京
人"遗址的破坏
和衰落。

最差、受损最严重的一处。

随着社会的进步、科学的发展，现代文明越来越被人们接受。我们古老的祖先——"北京人"早在50万年前，就学会了打制各种类型的石器，特别是学会了用火，并能控制火。他们也在创造文明，我们决不应该忘记。

我曾多次著述和呼吁：要保护好这个世界文化遗产，希望有识之士像20世纪30年代的洛克菲勒基金会一样资助周口店。可喜的是，党和政府正在着手做这方面的工作。1996年，联合国教科文组织、中国科学院、法中人种学基金会联合召开了"修复世界文化遗产——'北京人'遗址"方案论证会。论证会十分成功。有关方面将着手拨款在周口店修建一个世界一流的古人类博物馆，抢修第1地点和山顶洞的方案也在筹备之中。

我常想，要把这门科学世世代代传下去，就要为青少年普及这方面的科学知识，使青少年能够产生对这门科学的兴趣。既然周口店是青少年教育基地，那么，除了保护好它之外，在有条件的情况下，在遗址周围还应该仿照 50 万年前的情景种上树木和草丛，塑造出正在打制石器、狩猎、采集果实、使用火的"北京人"，逼真地再现"北京人"的生活场景，使参观者一走入"北京人"遗址的大门就仿佛倒退到 50 万年前。这样，"北京人"遗址会越来越受到人们，特别是青少年的喜爱，使之成为真正的教育青少年的基地。青少年对这门学科产生了浓厚的兴趣，就会有更多的青少年加入这门学科的队伍中来。这门学科有了新鲜的血液，就会更有活力，就能有更加快速的发展，也就能再现新的辉煌。

对于遗址的保护，"我"发出了呼吁，同时也希望有更多的人加入这门学科的队伍中来，再现新的辉煌。

悠长的岁月

（节选）

我的童年

阅 读 指 导

　　"我"的童年是在农村度过的。那里环境优美，给"我"带来了美好而又难忘的回忆。

　　1908年11月25日，我出生在河北玉田县城北约7千米的小村庄——邢家坞。这个不足200户的村子，北临山丘，南望一片平原，土地贫瘠，村民的生活比较贫困。

　　据坟地碑文记载，我们贾家原籍河南省孟县朱家庄，在明代初期才迁移到邢家坞。

此处交代了贾家的原籍和迁移时间。

　　听老一辈人说，我的曾祖有兄弟二人，大曾祖父没有儿子，按我们家乡当时的规矩，需要把我二曾祖父的长子，即我的大祖父过继给大曾祖父。我的二祖父也没儿子，又从我三祖父一门中把我的父亲过继给二祖父。由于生活困难，在我很小的时候，我的父亲就只身到北京谋生。

　　我们村里有个叫宋竹君的，据说他是燕

京大学的前身——汇文大学（后改为汇文中学）毕业，在北京英美烟草公司任高级职员。经他介绍，我父亲也进了英美烟草公司。父亲本名贾连弟，号荣斋。他的工作部门叫"调换处"，实际上是做一种广告性质的工作。人们只要能集到一定数量英美烟草公司出品的香烟空纸盒或烟盒内的画片，就可以到调换处换取挂历、成套茶具及小玩意儿等物品。

由于工作日渐起色，人来人往日渐增多，人们都习惯称父亲为荣斋，而他的本名反而没人叫了。<u>当时父亲每月薪水18元，他自己省吃俭用，每月只花8元，其余10元就托人捎回老家，家中的日子自然好多了。</u>

列数字，说明了"我"童年生活的不易，也展现了父亲勤俭持家的优秀品质。

我家村后的东山上有两个山洞，一大一小，我常常跟着其他小孩到小洞里玩。大洞深不可测，我们从不敢进去。我们有时用石头打成圆球，从山上往下滚着玩。想不到这在以后的工作中，对发现石球的打制过程和用途还有着很大的帮助。

在村北的小山下，还有一条南北向细长的水坑。这也是我们孩子常常光顾的地方。

靛颏又名"点颏"，是一种鸟，身体大小和麻雀相似，羽毛褐色，雄鸟叫声好听。雄鸟喉部是赤红色的叫红点颏儿，喉部是天蓝色的为蓝点颏儿。

我们就在坑里洗澡、打水仗。我还常常到地里逮蝈蝈儿、捉蜻蜓和小鸟。鸟类中，我们最喜爱"红靛（diàn）颏（kē）"或"蓝靛颏"，凡是我们网着的鸟，除了这两种，其余统统放生。当然我们小孩之间，也常常为逮鸟打架，母亲只是拉开了就完事，最多打几下屁股。她不许骂人，骂人准挨一顿掸把子。

我外祖母家在门庄子，位于邢家坞村和玉田县城之间，地处平原，风光秀丽，也是个不足 200 户的小村子。外祖母住在村前街的西头路北，家中有五间北房。东侧有条路通往后街，小路东边有个数十米长、直通南北街的大水坑，水坑大小东西有三四十米。前街路南有一块菜园，冬季多种大白菜，夏天除种各种蔬菜外，还种甜瓜、西瓜等。外祖母家我也非常爱去，除了有水坑可以游泳外，更因为那块很大的菜园子，里面有很多好吃的瓜果和蔬菜，比邢家坞的菜多了很多，何况还有一个比我大 13 岁的表兄，他常带我去水坑里摸鱼和捉螃蟹，又好玩又能解馋。

大约到了 7 岁，我在外祖母家开始上

学了。当地没有学校，读的是私塾。所谓私塾，就是在老师家上课。老师教几个学生，屋里没有课桌，只有个方桌，炕上放个炕桌而已。教的是《三字经》《百家姓》《千字文》。我还记得，老师叫谷显荣。每天进老师家中第一件事，就是向孔子牌位行作揖礼，然后各就各位，背书或描红模子。学完了三本小书，又学了半本《论语》，谷老师因病去世了。我又到邻村跟一位叫"李小辫子"的老师学。当时已是民国，但他还是清朝打扮，留着辫子，所以当地人都叫他"李小辫"，而不知他的大名。他对学生管得很严，背书背不下来或背错了，都要挨掸把子。他给我们讲的课文，我们听了虽然有时似懂非懂，但因怕挨打，背得都很熟。所以到现在什么"一去二三里，烟村四五家，亭台六七座，八九十枝花""松下问童子，言师采药去，只在此山中，云深不知处"，还仍然记得清清楚楚。

大约到了8岁，"四书"读完，又读了点儿《诗经》，我的外祖母也去世了。此时邢家坞也有了私塾，我又返回自己的家继续读书。

应该说，我识字的启蒙老师是我的母亲。我的母亲戴明，虽未上过学，但聪明而知晓大义。村里有个叫王雍的老头，识字最多，他看的小说也多。每到夏天，大家在一起乘凉，都会叫王雍讲故事。母亲常把听来的故事再讲给我听，都是一些"岳母刺字""精忠报国"之类，母亲一边讲一边教导我要学做好人，不要做坏事。后来母亲对小说也着了迷，就借来看，不认识的字和不懂的地方就请教王雍，天长日久，也认识了很多字，就是不会写。到后来，她连不带标点的木版印刷的小说也能看得懂。

父亲在北京做事，家里有了活钱，生活自然好多了。母亲要求我穿戴不能与其他孩子有区别，我只比别的孩子多件内褂和内裤，外表仍是粗布衣裤。别人家的孩子在玩的时候都背着扒篓，边玩边拾柴，母亲也叫我背一个，不要求拾多少柴，就是不能比别人家的小孩有特殊感。这对我影响很大，以致后来，我对待他人，不管职位高低，都能一视同仁，这不能不说是母亲当年教育的

父母是孩子的第一任老师，母亲不懂就问的好学精神对"我"有很大的影响。

结果。

虽然父亲每月捎钱来，但家里平时仍是早饭玉米粥加咸菜，午饭和晚饭是玉米面贴饼子加上一锅菜，有时是小米饭。当然过节和有客人来就不一样了。有时为了给祖父下酒，母亲炒个菜，祖父总想叫我一起吃，母亲反对说："小孩子家，吃喝时间长着呢！不在这一口两口。"过年时，客人给的压岁钱，都得如数上交，母亲又说："孩子花惯了钱对他一点儿好处也没有。"但过年的新衣、新鞋母亲总是早早就做好了，当然还有灯笼、鞭炮之类的玩意儿。所以过年是小孩子最盼望的了。

我的童年是在农村度过的。虽然家境不是很宽裕，但童年的生活非常愉快，无忧无虑。至今我还常常回忆起那时的情景。

考上练习生

阅读指导

父亲没钱供"我"读书，21岁的我由父母做主结婚了，后来，大女儿的出生，让家里的生活更加拮据了。"我"每天都去图书馆读书，不曾想，这些日积月累的知识改变了"我"的命运。

母亲回到老家后，祖父、祖母相继过世。这时我正在汇文读高小。北京四个区的英美烟草公司的买办王兰（字者香）在骡马市一带建了一家独营店。我父亲又回到了英美烟草公司（后改为颐中烟草公司），职务为"段长"，比在调换处高了一等。工作是了解市面上纸烟销售情况，招揽广告生意，每月的收入达到了四五十元。此时我父亲在崇文门外南五老胡同也租了房子，因为没人照顾我，就把母亲从老家接了来。我当然也不用住校了，回家来住不但能吃得好，也能省几个钱。

买办：指中国近代史上，帮助西方与中国进行双边贸易的中国商人，这类被外商雇用的商人通常外语能力强。

父亲的收入虽然增加了，但应酬也多了起来，每月收入所剩无几。我读到高中毕业，父亲没钱供我上大学了。此时我正当21岁，由父母做主结了婚。妻子叫王栖桐，与我同岁，是玉田县青庄坞人。她人品好，为人热诚。由于在农村长大，没机会学习文化，虽然很聪慧，但底子差，读书很吃力，她对读书越来越没有兴趣了。但她一生中担负起了照顾公婆和子女的重担。

我在北京上学，学到了很多知识，开阔了眼界。当时，几位大文学家提倡白话文，虽然有不少人反对，但白话文逐渐占了上风。同时，新的思想也开始冲击旧的封建思想。旧式的婚姻，我是反对的。我和妻子之间没有感情基础，再者我还没有工作，不曾立业，结婚生儿育女就会加重父亲的负担，所以我极力反对这门婚事。但母亲为此哭过几次，最后我也只好投降。

婚后一年多，我的大女儿出世了。家里添了人口，虽然大家都很高兴，但我心里更加着急，总为自己不能挣钱养家心中有愧。

我的一位中学同学曾要我跟他一起到

简单介绍了"我"妻子的性格特点，侧面展现出她质朴、勤劳的形象特点。

通过这段描写可以看出"我"是个有想法、有责任感的人。

外地报考邮政局的工作。我思想上有点儿活动，但母亲听说后，坚决反对，我只好作罢。怎么办呢？这时我只想多学点儿知识，等待出路。于是，从1930年起我经常去图书馆看书。

北京图书馆内无偿地供给白开水，有时我带着馒头夹咸菜，一去就是一天。开始看书没什么规律，逮住什么看什么，后来对《科学》《旅行杂志》等有关自然科学方面的杂志和书籍越来越感兴趣。我不但看，还把感兴趣的地方抄录下来。有时也到旧书摊去浏览，看到便宜的书也会买回来。我对所看过的书都认真做了笔记，不知不觉，一年过来也学到了很多东西。

玉田县狼虎庄有位名高焕、字灿章的人，是我的一个表弟。他经常来北京，每次来都住在我家里，几乎成了我家的一员。我的孩子也很喜欢他，因为他一来京，就常带孩子们出去玩。崇文门瓮圈的内侧有一家恒兴缸店，是他经常光顾的地方，因为他在这家缸店有股份。恒兴缸店的掌柜姓裴，就是1929年12月发现第一个"北京人"头盖骨

兴趣是最好的老师，图书馆的学习对"我"以后的考试和工作有很大的帮助。

而闻名于世的裴文中先生的侄子。虽然裴掌柜辈分小，但岁数不小，比裴文中年岁大得多。裴文中先生也常去缸店串门，和我的表弟时常见面，彼此很熟。

1931 年春，他们在缸店又见面了。他们一边喝茶，一边聊天，闲谈中，我的表弟提到我闲在家里没事可做，只闷头读书。裴文中一听，说中国地质调查所正在招考练习生，不妨叫他去试试。高焕回来一说，全家都很高兴，因为这样既有了工作，还可以不出北京。

我风风火火地跑到了西四兵马司 9 号的中国地质调查所报了名。考试那天，主考的是地质陈列馆的负责人徐光熙先生。不承想我在家中自学的知识竟派上了用场，我以优异的成绩被录取了。

上班后，我被分配到新生代研究室做练习生。和我同时来到新生代研究室的还有一位青年——卞美年先生，他长我半年，是燕京大学的毕业生，学的是地质和生物。他是由他的老师——英国地貌学家、燕京大学教授巴尔博介绍来的。他是练习员，我是练

"风风火火"
"跑"等词语反映了"我"报名考练习生时激动和高兴的心情。

习生；他是大学毕业，我是高中毕业。他学历和职称都比我高，但他为人厚道，平易近人，我们很快就熟识了。在以后的工作中，他处处帮助我、指导我。至今我俩还是非常要好的朋友。

当时新生代研究室有两处工作地点：一处是西四兵马司9号，一处在东单北大街路西的北平协和医学院娄公楼106室和108室。106室是裴文中先生的办公室，108室除杨钟健先生外，还有十几名工人在修理化石。上班那天，我俩先见了杨钟健和裴文中两位先生，他们言谈很和善，没有什么架子，使我们紧张的心情松快了许多。

上班初期，我们没有一下子进入工作，因为杨钟健叫我俩先和大家彼此认识，熟悉一下工作环境。每天上午杨、裴都要到西四兵马司去。

一天，我和卞美年正在娄公楼108室聊天，卞美年给我讲古代生物化石的知识。这时，走进了一位身材矮小、身着长袍的人，他在屋内转了一圈就走了。我俩不认识他，也没有跟他打招呼。

作比较，通过学历和职称上的对比，突出"我"考上练习生的不容易，为后文作者的勤奋埋下伏笔。

第二天，杨钟健见到我们，说那是所长翁文灏，他叫你们俩明天上午去见他。我和卞美年心里一惊，感到对所长失了礼，心里直打鼓。

第二天上午，我俩按时来到了西四兵马司 9 号中国地质调查所，杨钟健已在那里等候我们。杨钟健是新生代研究室的副主任，是我俩的领导。他把我俩领到二楼东南角翁所长办公室的门前，先带着卞美年去见所长，让我在门外等候。我心里就像十五只吊桶打水——七上八下，怎么也控制不住。没多久，卞美年出来了。由于翁所长有事，召见我改在下午。我问卞美年："所长跟你说了些什么？""他就问我学什么的，认不认识角砾岩？我说认识，我是学地质的。他又问了一些地质学上的问题，我都回答了。别的没再问什么。""提到前天上午在办公室我们为什么没理他吗？""没有，他说地质调查所添丁加口是好事，所以他要接见我们。"下午，翁所长召见了我。见面时，我仍然很紧张。翁先生先问了我家里的情况，我一一如实回答了。最后他问："这种工作很苦很累，

心理描写，引用歇后语，生动形象地写出了"我"紧张、忐忑的心情。

你为什么要干这个呢？"我不假思索地说：
"为了吃饭。"翁所长听后，忽然大笑了起
来："说实话好，好好干吧！"召见很快就结
束了。谈话虽然很短，不承想，翁的一笑，
决定了我的终身。

　　第二天，裴文中通知我们回家准备好
自己的行李。两天后，卞美年和我还有王存
义先生就随裴文中去了周口店。我的工作也
正式开始了，那就是协助裴文中在周口店搞
发掘。

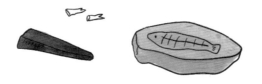

初到周口店

阅读指导

作为中国地质调查所的练习生，"我"和其他考古人员来到了周口店。在这里，"我"开始了我的考古工作，学到了很多东西。

周口店虽然离北京城只有 50 千米，但当时交通极为不便。从前门西火车站乘火车到琉璃河下车，再等候开往周口店的"山车"。所谓山车就是周口店往外运煤或石头的火车，其开行时间没有一定，时有时无。如果一天等不来，还要在琉璃河车站附近的小店住上一夜，第二天再等。

那天，我们几个人乘火车到琉璃河，下车吃了顿饭，后每人改乘一头毛驴，晚上八九点钟才到达周口店的办公地点"刘珍店"，真是起个大早赶个晚集。

从前，在周口店进行挖掘的人都住在周口店村北的一座小庙里，如瑞典地质学家和

起个大早赶个晚集：比喻行动虽早，结果仍然落在后面。

古哺乳动物学家安特生、步林和中国地质学家李捷等。大概是1928年杨钟健和裴文中参加这一工作后，感到小庙里地方太狭窄，又时常有客人来参观，无处可住，于是裴文中以每月14块银圆的价格向刘珍租赁了一处骆驼店，用于居住和办公，这就是我们称为"刘珍店"的地方。

刘珍店的房子很破旧，北房三间较大一点儿，东西有厢房四间，北房的东间是准备给客人们用的，东西厢房为技工住房和放置标本用。床就是行军床，三下五除二就支好了，放上被褥就能睡觉。

第二天我们就准备发掘的工具和其他各项工作。一切都就绪，只等开工。三天后，新生代研究室的领导们来到了周口店。他们是名誉主席、加拿大古人类学家、北平协和医学院解剖科主任步达生；顾问、法国神父、古脊椎动物学家德日进和副主任、中国古脊椎动物学家杨钟健。他们是来商量发掘的地点和任务的。我和卞美年初来乍到，什么也不懂，只好听着。

他们商量来商量去，决定发掘鸽子堂内

环境描写，介绍了刘珍店的环境，侧面反映出当时工作和生活条件的艰苦。

1928年北京改北平。

的堆积——脉石英1层和脉石英2层。

周口店火车站以西有两座东西并列的小山。东边的一座叫"龙骨山"，西边的山较大，但没有洞穴，后来这里是杨钟健、裴文中、尹赞勋先生的墓地。南北方向有个裂隙堆积，在其中的红色土中发现了哺乳动物化石，我们将此地编号为第2地点。龙骨山三面为群山所围，东南望去，豁然开朗，是一望无际的河北大平原。我们所要发掘的鸽子堂位于龙骨山的东北角，是个山洞，因里边栖息着许多野生鸽子而得名。

鸽子堂内的堆积主要有两层，上面的叫石英1层（也称Q1），下面的叫石英2层（也称Q2）。这两层很松软，挖掘起来很容易，土虽然很潮湿，但不粘手。用铁铲和铁钩小心翼翼地挖，得到的化石很多。Q1和Q2靠近北洞壁处，灰烬层很厚，往南和往东比较薄。裴先生告诉我们，灰烬层是灰黑色的，层内有很多用脉石英和砾石人工打制的石器，还有被烧裂开的骨块和石块，它们都很重要。

由于挖掘很容易，得到的材料也多，每

有序地介绍了鸽子堂内的堆积层，帮助读者厘清头绪。

大能装满几大筐抬回办公室。

晚饭后，王存义和技工柴凤岐等用鬃刷将化石刷洗干净，再分门别类地收起来。为了多学点东西，我也加入了刷洗标本的行列，当然这是出于自愿。

裴先生一再告诉我们，灰烬层和在灰烬中发现的石器很重要。经过中国地质调查所化验和德日进拿到法国化验，灰烬层确确实实是灰烬。灰烬层中发现的裂开的石块和骨块也是燃烧的结果。石块和骨块经过火烧可以开裂我相信，但有些石块愣说是人工打裂的石器，我就蒙头蒙脑了。在刷洗这些石器时，我对它们格外注意。特别是1931年法国人步日耶来华以后，我更认识到发掘工作的意义。

1931年，巴黎人类学古生物学研究所高级职员、法兰西大学史前学教授步日耶来华观看了周口店发掘出来的标本，他不仅完全承认所发现的石块是古时人工打制的，还认为其中的许多鹿角和碎骨有的也是经过人工打制的骨器，这些都是四五十万年前人类的遗迹。我听说后很吃惊。

练习生的地位在研究部门里是最低的，但仍属"先生"行列，能和各级领导同桌吃饭。除了这些，受苦受累的活都是我的事：买发掘用的物品；与来访的学者到各处看地质；他们采下的标本，装在背包里，叫我背着；我还要和工人们一起挖掘化石。

对于挖掘，我最有兴趣。开始时我什么都不懂，挖出了化石就向工人请教。他们会告诉我：这是羊的，这是猪的，那块是鹿的。认识的化石越多，就越觉得发掘工作有意思。跟着专家学者在山上到处跑，查看地质，累是累，但时间一长，从他们那里也学到了很多地质方面的知识。

特别是卞美年，他一有闲暇，就带着我在龙骨山周围看地质，不但给我讲解地质构造和地层，还教我如何绘制剖面图。他待我非常友好，我对他也非常尊敬，我们成了挚友。现在他虽在美国定居，但我们还经常通信。我到美国访问，第一件事就是去看望他，我总是把他看作启蒙老师。裴文中对于

此句有承上启下的作用。承接上文中的挖掘工作，指出"我"对挖掘工作由不懂慢慢转变为感兴趣，从而引出下文。

我和卞美年不懂的地方，也耐心赐教，从不拿架子。我不但敬佩他，也越来越喜欢向他请教。我从他那里也学到了很多的东西。

那时，我每月的工资是 25 元，后来地质调查所发现错了，每月应为 26 元，又给补加了 1 元。后来，干得好的、工资在 50 元以下的每月可增加 5 元；50 元以上的，每月可增加 10 元。能挣到 26 元，对我这个刚参加工作不久的青年来说，已经很知足了，何况干得好还有加薪的希望，加之我对发掘工作已产生了很强烈的兴趣，认为能从中学到很多东西，所以我每天都是乐呵呵的，从不叫苦叫累。

杨钟健看我每天忙到晚，没有一点儿怨言，就对我说："搞学问就像滚雪球，越滚越大。"我一直铭记在心。只是后来我根据自己多年的体会，又在后面加上了一句"不滚就化"。

在周口店工作的时间长了，才知道裴文中在周口店工作的成绩和贡献非常之大。1929 年 12 月 2 日，他发现了第一个"北京人"

把搞学问比作滚雪球，生动形象地说明了积累的重要性，也反映出"我"不断学习的精神。

头盖骨，这不用说，周口店这块山场，包括整个龙骨山和它以西的小山的多一半，就是经裴文中之手，从当地的鸿丰灰煤厂买下来的。原来鸿丰灰煤厂在这里开采石灰岩烧石灰，由于遇到了很多洞穴，洞穴里又有沙土的杂乱堆积，赔了钱而关闭。1927 — 1928年，李捷和步林到这里挖掘，是向鸿丰煤厂租赁的。裴文中后来花了4500元把它买了下来，这不但有利于发掘，鸿丰灰煤厂也把赔了的损失补了回来，当然这是两相情愿。

再有，周口店的发掘工作越来越扩大。1931年下半年，在裴文中的筹划下，我们花4900元在山上盖了一所北京式的房屋。这是所三合院的房子，大门朝东，有个门楼，北房三间，西房三大间，南房三间，另外在后院盖了五间，作为技工住房和厨房之用。行军床也换成了铁床。裴文中先生为大家改善了居住条件，人人都非常满意。这与到处跑耗子的刘珍店相比，像进了天堂一样。我还清楚地记得，搬入新房之后，裴文中住在北房的里间，外面两间是相通的，由卜美年

详细地介绍了新房屋的结构，与之前的环境作对比，侧面反映出挖掘有了新的进展。

住。西房为宽大的正房，我住在里间，外间也是相通的，作为吃饭和接待来访客人的客厅。周口店的发掘工作，每年只在春秋两季进行。夏天雨水多，发掘现场泥泞不堪，冬季地层冻得很坚硬，发掘时会损坏化石。所以夏冬两季我们回到北京，进行标本的整理和修复工作。

狗骨架和两本书

阅读指导

这一年，虽然改革了发掘方法，但发现的材料却不多，除了一些石器和骨器之外，别无所获。但是对"我"来说，这却是个丰收之年。

每到发掘的时候，我们事先到达周口店，把准备工作做好之后，新生代研究室的负责人抵达周口店，与裴文中一起商量发掘地点。待一切敲定了之后，就全盘由裴文中负责调度。

1931 年 9 月，这年的秋季发掘开始了。连我这个什么也不懂的小学徒，也猜到准是继续发掘 Q2，因为这里发现了很多石器及哺乳动物化石和牙齿。果然不出所料，在这季的发掘中，除发现了许多动物化石外，还发现了一块人的锁骨和一块被火烧过的木炭。人的锁骨是第一次发现，这令步达生非常高兴。而那块木炭经植物学家鉴定为紫荆

这句话先说观点，再说原因，表达时主次鲜明，观点清晰，论述严谨。

木炭。过去的发掘，发现过很多朴树籽，这次发现使我们了解到"北京人"烧火用的木柴至少有两种。

在鸽子堂，经过一年两季的挖掘，从洞底部往下8米深所遇到的红、黄和黑色泥土，也就是前面所说的Q1、Q2层中，发现了人的锁骨，我们把发现地点称之为"G"地。这里的灰烬层都挖空了，往下遇到了坚硬的角砾岩。在角砾岩中虽然也发现了一些石器和化石，但不多，因而鸽子堂的发掘工作就停止了。

1932年春，各位领导经过长时间的磋商，决定挖掘鸽子堂以南到洞壁以东的部分，我们称之为东山坡。此处外露的地层多为角砾岩，很不容易挖掘。

就在这一年，我们改进了发掘方法，从过去不规则的到处漫挖，改为考古式的发掘。我们先在南洞壁上用钢钎打上等距离的孔，楔上木橛（jué），再往木橛上钉上铁钉，挂上线坠垂直地面，然后根据指南针，在南北方向拉上等距离的白线绳，用石灰水沿线绳画线。东西方向以此类推，打出横线，分

此处详细说明了挖掘的新方法，条理清楚，便于读者理解。

出方格。横向按 A、B、C、D⋯⋯编号，纵向按 1、2、3、4⋯⋯编号。这样就可以知道发现的东西在哪个位置，再按比例绘出平面图。

分好格后，我们又在南北向先开出深沟，查看埋藏情况，然后由一名技工带着一名工人在规定的格内挖掘。另外，每个方格内挖出来的土石有专人清理，分别放在各自的地点，经过筛选后再处理掉，怕的是标本有所遗失。

这一革新举措，给以后的研究工作带来了极大的好处，避免了重要材料的遗失。即使在清理土石中找到材料，也能知道是哪个地点、哪个层位中的。

这一年虽然改革了发掘方法，但发现的材料却不多，除了一些石器和骨器之外，别无所获。这些材料经裴文中、卞美年检查之后，用毛头纸包好，装入大筐运往北京的研究室。

裴文中、卞美年因在周口店没有发现什么重要材料而回北京研究。我留在周口店，除了查看现场和做每天必须做的工作外，没

转折句，突出强调了发现的材料不多，别无所获，侧面反映出"我"的心情很失落。

事就看书。这一年，我从书本上学到了很多知识。

当时，古人类学和古脊椎动物学在中国刚刚起步，国内连一本哺乳动物的教科书也没有。就是裴文中、卞美年也是边干边学。有一天，裴文中在中国地质调查所图书馆，发现了一本1885年伦敦麦克米伦公司出版、福罗尔著的《哺乳动物骨骼入门》。这本32开、373页的英文书，对于我来说就成了宝贝。我们轮流着看，晚上大多是我看。

全书共分20章，按照裴文中的指导，我先读哺乳动物的骨架，狗的头骨和灵长目、食肉目、食虫目、翼手目、啮（niè）齿目等章节。本来我的英文底子就不好，再加上书中专有名词太多，有些专有名词，英文字典上还没有，所以只好边读边向裴文中、卞美年请教。

书读起来很费力，开始每天只能读半页、一页，有些名词要死记硬背。功夫不负有心人，我还真的按裴文中、卞美年的要求啃完了。我感觉我的脑袋开了窍，对挖掘出来的骨骼化石的辨认能力有了长足的进步，

"我"能读完这本书吗？读完后有什么帮助？引起读者的好奇心。

也无形中对自己的工作更增添了兴趣。

我们都感到这本书对我们非常有用，可是按地质调查所的规定，借出的书到期必须归还，也不能续借。怎么办？裴文中提议复印。他认识一位德国人，这个人从故宫博物院买回了一些印刷机器，准备开个印刷厂。裴文中拉着我到西郊找到他。他看了看，说可以印，只不过书皮是布面的，要贵点儿。商量半天，讨价还价，最后结果是复印 10 本 50 元，书皮我们自己想办法，成交了。

回来以后，我们就自己动手制作书皮，用的是花纸。其实也很容易，先往大瓷盆里放入清水，然后滴入不同颜色的油漆，用筷子轻轻点几下，水中即出现了美丽的波纹，再把道林纸放进去打湿，拎出来晾干，就成了漂亮的花纹纸。我们自制了 8 开的几十张花纸，送给了那个德国人。不久，32 开本的书送来了，我花 5 块钱买了一本，其余的都留在裴文中手里。如果他没有卖出去，大概也都积压在他手里了。这书至今我仍完好地保留着。

为了更好地认识动物的骨骼，我还和工

人商量，打一次野狗。在周口店的山坡上经常有野狗窜来窜去，尤其在夜晚，野狗常常聚在一起撕咬号叫，扰得人难以入睡。打狗吃狗肉大家都很愿意。我对狗肉不感兴趣，只希望能得到一副完整的骨架。

后来还真打到了一只大野狗，工人们七手八脚地扒皮、去内脏。我在一边不住地叫喊："不要弄坏了狗骨头。"一大锅香味十足的狗肉炖熟了，大家争先恐后，拌着大蒜和辣椒大吃起来。看着工人们吃得那样香，我在一旁仍不住地大声叮嘱："不许啃坏了我要的骨头！"笑得大家肚子都疼了。

餐后，我把骨头重新煮了一遍，剔去骨头上的筋筋脑脑，再用碱水煮去油，最后我亲手装起了一具完整的狗骨架。这可是我的私人财产，我在骨头上的不同部位涂上了不同的颜色，按《哺乳动物骨骼入门》中图上的名称，一一对应写在骨头上。在制作、写名称过程中，我对哺乳动物，特别是对狗的认识更加系统了。

我把我自制的狗骨架和研究室内的狼骨架做了认真的对照，发现狼的牙齿排列较稀，牙间空隙大，所以吻部延长，成粗锥形；而狗的牙齿排列密，吻部短。这样学习，比从书中学更加直观，记得更清楚，学得也更扎实。

为了提高自己的文化水平，在发掘间断期间，我还特别愿意帮助杨钟健和裴文中打英文稿件。可别小看这种工作，它能提高我的英文水平，也能从中学到很多动物名称的专业用语和知识。

一天，我从娄公楼的办公室出来，信步走进了东安市场。我想，何不逛逛书摊和书店呢？在中原书店里，我突然发现了一本很新的英文书，是纽约查尔斯·斯克里布之子书店 1925 年出版的，纽约自然博物馆古脊椎动物学家、美国科学院院士亨利·费尔菲·奥斯朋著的《旧石器时代人类》(*Men of the Old Stone Age*)，我高兴得跳了起来。但一问价钱，又吓了一跳，书价是我月工资的三分之一！寻思了半天也没舍得买。

到家后左思右想，感到这本书对我非常有用，第二天跑了去，还是把它买了回来。

这本书内容全，也通俗易懂。对于古人

类，不管是欧洲发现的或欧洲之外发现的，书中都做了解释。人类如何制造石器、打击石片；什么叫石核，以及石核、石片的特征等，书中都有图解，并加注了名称。书中对前舍利（Pre-chellean）时代工业、舍利（Chellean）时代工业、阿舍利（Achellean）时代工业、莫斯特（Mousterian）时代工业、奥瑞纳（Aurignacian）时代工业、梭鲁特（Solutrean）时代工业、马格德林（Magdalenian）时代工业以及最后的阿兹尔－塔登奥伊森（Azilian-Tardenoisian）时代工业和文化，各个时代的气候、地理、冰期、间冰期等等都一一做了介绍。

现在看来，此书内容虽然已显得过时，但从查阅发现古人类的地点资料来看，还是有一定价值的。它对我学习古人类和旧石器文化帮助很大。

以前裴文中曾给过我他的著作的单行本，如 1931 年在《地质学会志》上发表的《周口店洞穴层中国猿人层内石英器及他种石器之发现》，1932 年他与德日进在同一刊物上发表的《北京猿人石器文化》等，我看了后总是似懂非懂，不得要领。读了《旧石器时代人类》一书，反过来再读裴先生的文章，很多地方就明白过来了，这对我以后专门研究旧石器有极大的促进作用。

上面提到的对我极有帮助的两本书，至今我一直完好地保存着。《旧石器时代人类》我都翻散了，后来又重新装订好。我宁可做笔记，也舍不得在书上写注。现在，我还经常拿它来翻阅，它也仍能给我带来某些启发。

这一年，改进了发掘方法，但发现的东西不多。然而我从书本上学到了很多专业的基础知识，所以，对于我来说，这是个丰收之年。

难忘的升级考试

阅 读 指 导

　　1933 年年初的一天，"我"经历了一场终生难忘的升级考试，之后，"我"升级为"练习员"，工作任务也变大了，但"我"依旧没有忘记每天坚持读书。

　　1933 年年初的一天，我在西四兵马司的办公室整理标本。忽然杨钟健把我叫去，给了我一个大纸盒，里面装的都是哺乳动物的牙齿，他要我鉴定后，再写好标签给他。

　　我抱着纸盒回到自己的办公桌前。我认为这个工作很容易，因为这些牙齿中有许多是来自周口店第 1 地点（即"北京人"化石产地）。其他地点的牙齿鉴定虽然有些困难，但也能鉴定出个大概。

　　两天后，我把鉴定好的牙齿交给了杨先生，他一看就火了："这叫什么东西，我要的不是中文标签，是拉丁文的。重新来，写好了再给我！"好嘛！给我来个大窝脖儿。

杨钟健为什么要突然给"我"安排工作呢？为后文埋下伏笔。

我做了个鬼脸，赶忙抱着纸盒跑回了自己的办公室。

经过两年的挖掘锻炼，我从书本上学到了不少。我经常帮助杨、裴两位先生打英文稿件，稿件中一些拉丁文名称，我不但做了记录，也背熟了很多。"北京人"产地发现的材料，我都一一摸过，对它们的颜色、分量也大致了解，只是材料编号很乱，有些编号还需再搞清楚。这回我更加细心，花了3天时间，重新鉴定牙齿，并一一打出拉丁文名称和编号。<u>当我再次把大纸盒交到杨先生手里时，他仔细检查，然后高兴地笑了。</u>

又过了一天，卞美年告诉我："杨先生是在考你。告诉你吧，你要升级了。因为我听到领导们对你的学习和工作倍加赞赏。"果不其然，不久我就从练习生升为练习员（相当于大学毕业生）。

当消息传开，一些地质调查所的大学毕业生对我说："你赚大发了，高中毕业才两年，就跟我们一样了。"我心里很明白，知识是自己努力学习得来的，靠占小便宜学不到。要想学有所为，自己还得刻苦努力。这

从杨先生的笑容中可以推测出，杨先生对"我"的工作很满意。

次占点儿小便宜也是不懂就问的结果。

5月13日早晨，我随杨钟健、德日进、裴文中一起到达周口店。当天下午就讨论本年度的发掘计划，最后决定放弃东山坡，集中发掘山顶洞。如果山顶洞收获不大，还有时间改挖其他地点。这次的目的是寻找人类在发展过程中的缺环。

自1929年12月2日裴文中发现了第一个"北京人"头盖骨之后，为了更好地了解"北京人"化石堆积和分布的情况，1930年裴文中组织人清理了龙骨山北坡的地面，把杂草和乱石都清理得差不多了。在龙骨山北坡，含"北京人"化石堆积，东西方向的巨大洞穴靠近南洞壁的上部，发现了这个山洞，我们给它起名叫山顶洞。它以前被杂草和乱石掩盖，没被发现。洞里的堆积呈灰色，地层较松软。杨钟健、裴文中两位先生估计，如果山顶洞里发现人类化石，其时代也比"北京人"晚，也只是代表人类在发展过程中的一个缺环。计划定下来后，还有一些细节需向上级请示。15日杨钟健、德日进、裴文中返回北平，留下的人利用这段时间，清理"北京人"化石产地两端，即山神庙以东一带的地表。19日裴文中回到周口店，我们商量了发掘步骤，第三天正式发掘开始了。

最初山顶洞外露的空隙不大，洞口朝北偏东方向，很窄。洞内南北向，像条甬道，北边约3米宽，南边最宽有8米，形状像一个火腿。原来东半部的洞顶已经风化破碎，被拆除了。发掘仍采用分格的方法，每格定为半米，每个水平层也是半米。我们绘制了1：50的平面图和剖面图，以备往图上填发现的记录。就在这一年，上级又规定了每日在固定时间内，在发掘地点的东、西、南三面各照相片一张，作为原始记录。

由于裴文中、卞美年需经常回北平写论文，绘制平面图、剖面图和照相的任务都交给了我，所以我还必须学会照相。他们也常来常往，我有了重要发现就报告给他们。

我这个刚刚升为练习员的"先生"，除了跑地点、查看发掘情况、做记录、照相、填日报（每天发现的东西都要填写日报）外，还要采购发掘物品、给工人做工资表、发工资

细致地介绍了洞的方向、大小和形状，便于读者理解。

等。这些差事统统压在我肩上，每天我忙得脚丫子朝天。就是这样，我还给自己加任务，每天读几页奥斯朋的《旧石器时代人类》。

运用夸张的修辞手法描写出当时"我"忙碌的状态，同时也反映了"我"乐在其中的心态。

学会"四条腿走路"

阅读指导

　　杨钟健先生对我说的话，给了"我"很大的启发，为我以后的学习和工作指明了方向，尤其是"四条腿走路"这五个字，它们有着怎样的含义呢？

细节描写，用生活中常见的物品与骨针的外观进行对比，让读者印象深刻。

　　最初的发掘只限于山顶洞的洞口部分及以南被拆除的洞顶的东半部。在洞口附近发现很多兔化石，还有从洞顶塌落的碎石和少许碎骨片。骨片上有人工打击的痕迹。在灰烬层中发现了被烧过而变黑、变蓝或变白的骨片。东半部的化石比洞口附近还丰富，以鹿类化石为最多，并有完整骨架出现。此外还发现了将要出生的婴儿头骨碎片和人类的牙齿、一小部分躯干骨、石器、骨器和装饰品。最引人注意的是一枚骨针，它和人的中指一般长，火柴棍粗细，一头很尖，一头带孔，稍稍弯曲。可惜针孔部分原来就破裂了。骨针的发现，足以证明当时人类已穿上缝制的皮衣了。

　　发掘到洞的西半部时，又发现了一个洞穴，洞中的堆积与东部相连，说明它们原为一个洞穴。在这个新发现的洞内，发现的化石也很完整，有兔、鹿、鬣狗、獾和虎的化石，大部分是完整的骨架。

　　一有材料发现，裴文中就亲自坐镇。他每天上下午都在现场，嘱咐大家要小心，不要挖坏和丢失材料。装饰品尤其如此，它们体积很小，极易丢掉。一些发现的装饰品，都保存在裴文中的文件柜里，有时我还请他拿出来欣赏，过过眼瘾。

　　11月间，在有洞顶部分的洞穴堆积的两侧遇到了一个向下伸展的陡坎，在陡坎之下半米深处，发现了完整的人头骨3个、躯干骨一部分。在躯干骨之下有赤铁矿粉粒，还有装饰品和石器。我国很多地方都有埋葬死者时撒赤铁矿粉的习惯。人头骨的发现，说明我们真正挖了祖坟。

　　1934年春季，我们继续挖。在西部堆积的最下部，发现了大量的食肉类动物化石，这些动物的骨架是重叠在一起的。在最下部

赤铁矿：矿物名，产于沉积矿床、沉积变质矿床及各式内生矿床中，是炼铁的重要矿物原料。中药名为赭（zhě）石。

的红色土层中，发现了一块人的上腭骨，与"北京人"的很相似。这段时间里，除了发现这点人的材料外，再没有什么新的文化遗物发现。至此山顶洞的发掘工作停止了。

在山顶洞发现的人类头骨和现代人的头骨相比，没什么明显差异。我们发现的所有人的材料中，连残破的都计算在内，经魏敦瑞观察和研究，共有 7 个个体，其中有 1 个男性老人、2 个女性青年、1 个不知性别的少年和 2 个婴儿。他们都属于黄种人。山顶洞中发现的石器和骨器很少，至今也没有人做出满意的解释。

在山顶洞的堆积中发现了大量的装饰品，这些装饰品中，狐和獾的犬齿最多，鹿和野狸的次之，虎的门齿最少。这些牙齿的齿根上都钻有孔，而且是两面对钻的。这类牙齿共发现了 125 颗之多，几乎各层都有发现。

除此之外，我们在一个女性头骨外包裹着的土中，还清理出 7 颗石珠。石珠比莲子稍大，是用石灰岩制成的，它一面磨平，一面微凸，边缘有敲击的痕迹，中间也有钻

过渡句，这里有承上启下的作用。

孔。还有一件钻了孔的扁而长的小砾石。另外还发现了 4 个长短不同的骨管，骨管有钢笔粗细，表面刻有沟槽。堆积中还发现了 3 个海蚶（hān）壳及 1 个青鱼的上眼骨。在海蚶壳铰合部附近凸缘部磨穿的孔较大，而青鱼眼骨边缘钻的孔很小。这些材料的发现，都证明了早在一万多年前，生活在山顶洞的人们已经懂得美，并非常爱美。他（她）们用项饰、头饰和身上的佩饰来打扮自己，所用的钻孔工具和技术也非常高明。

蚶：双壳纲，蚶科。壳两枚，相等或不等，状如瓦楞，故亦称"瓦楞子"。肉味鲜美，壳供药用。已人工养殖，是我国著名的食用贝类之一。

除了上述的人类材料、脊椎动物化石材料、装饰物外，我们还发现了鲕（ér）状赤铁矿碎块，其中有两块似是人工从中间剖开，还可以合在一起。它们表面有并行的纹道，表明当时的人从上刮下粉屑，当作颜色使用。因为我们发现一块椭圆形砾石，表面被染成了红色。另有一块鲕状赤铁矿碎块，一头磨得很圆滑，很可能它被当作画笔使用过。不过，我们还没发现过壁画之类的痕迹。

鲕：鱼苗。

上述发现，证明当时的山顶洞人能用高超的工具和技术，在动物的牙齿、骨骼上排比，连用三个"能用"，写出了当时的山顶洞人的智慧，这段话层次清楚，描写细腻，形象生动。

钻孔，制成装饰品来打扮自己，满足爱美之心；能用动物的细骨制成骨针，缝制御寒兽皮衣；能用鲕状赤铁矿碎石制作颜色或当"画笔"。

当然还有很多疑问难以解释，例如：缝制皮衣的线或穿装饰物的线是用什么做的？鲕状赤铁矿产地在北京西北的宣化，离北京有100多千米，山顶洞人的活动范围有那么远吗？海蚶壳产于沿海一带，他们是怎样弄到这些海蚶壳的呢？这些疑问，裴文中先生也没能解释，他只是认为山顶洞人当时活动的范围很广。

这些疑问，也常常在我脑海中徘徊，一时不得其解。20世纪40年代，李捷先生任河北省建设厅厅长，他的得力助手钱信忠先生曾对我说，在离南苑不远的地方，钻探地下不太深即遇到了海相粗大的石英沙粒，证明北京很早曾是个海湾，且成陆很晚。所以，有可能海蚶壳产地离周口店很近。

在"北京人"遗址下部，我们采到了一块带窝槽的圆形砾石。它有拳头大小，石质为细砂岩，窝槽周围有压出来的痕迹。后来地质学家王曰伦先生到周口店参观，经他查看，认为该压坑是冰川造成的。他带着我在周口店一带寻找冰川遗迹。经他指点，在沿着西山根以北约一千米处，我们发现了数米长、两米宽的羊背石。

羊背石是冰川滑动过程中形成的，它的形状像羊背，羊背石的上面有冰川移动后产生的划痕。以后，我又把这块有压坑的砾石给地质学家李四光先生看，他也确定压坑是冰川造成的无疑。他把这块标本留了下来，说："如果有人反对周口店有过冰川，我就拿这块标本给他看。"

后来裴文中、刘东生、汤英俊等人又前往调查，在周口店西南太平山坡下的砾石层中发现了几块赤铁矿石，这证明山顶洞人使用的鲕状铁矿石，也是由于冰川运动而带到山顶洞附近的。那么，山顶洞人缝衣服和穿装饰物的线是用什么做的呢？用植物纤维不成，孔太小，纤维一抻（chēn）就断。20世纪 50 年代后期，文物管理学家王冶秋先生曾将一把像生丝一样的东西拿给我看，并问我是何物。我看了半天也说不出来。他说：

引用李四光先生的话，让科学的推断更具体、更充实。

抻：用手把物体拉长或扯平。

"这是黑龙江鄂伦春或赫哲族人缝缀皮衣用的线。"我在1976年唐山大地震时，也曾去过黑龙江十八站——那里正是他们生活的地方——曾得到过几根这种既坚韧又半透明的细线。当地人把猎来的驼鹿，在靠近脊椎处将两条肉割下，晒成半干，然后用锤砸。干肉被去掉后再梳洗几遍，就可以制成这样的线。山顶洞人很有可能也是用这样的方法制出缝皮衣和穿装饰物的线的。如果真是如此，说明这种线起源很早。

两年多来，我有了长足的进步。这一方面来自实践，另一方面来自书本。我已养成习惯，不管多忙，也要看书和阅读专家写的文章，并认真做泛读笔记。正像杨钟健先生对我说的那样："搞学问就像滚雪球，越滚越大。"我就是这么做的，所以我对它的体会最深。

杨钟健还对我说："搞我们这行，要'四条腿走路'。这四条腿就是'古人类学''古哺乳动物学''旧石器考古学'和'地层学'。"他所说的四条腿走路，虽然只有五个字，但给我以后的学习和工作指明了方向。今天看来，他的话对我们研究所和搞这行的人来说，也具有深刻的意义和影响。

运用比喻的修辞手法将四门学科比作四条腿，形象生动地表现了这四门学科对"我"的重要意义。

刻在心间的名字

阅读指导

　　步达生的去世，使"我"感到悲痛，在生命的最后一刻，他仍在研究头骨化石，他的这种工作精神让"我"敬佩不已。前辈裴文中和杨钟健对我的培养，让我学到了很多，他们都是我的榜样。

　　人有生就有死，生命有长也有短。有人死后让人感到悲痛和怀念，也有人死后受到唾弃和谩骂。为什么？用一把尺子衡量，那就是在他活着的时候，是与人为善还是与人为恶；在工作上是勤勤恳恳有所成就还是碌碌无为虚度年华。步达生的死就使许多人感到悲痛。

　　步达生，1884年7月25日生于加拿大多伦多。1934年3月15日逝于北平他的办公室内。他1919年来华，先后任北京协和医学院解剖科主任、神经学和胚胎学教授。1926年周口店发现了人类牙齿之后，他力

設问句，运用自问自答的方式表明了"我"对生死的态度，也表明了"我"对人生的看法。

排众议，不但承认人是从猿进化而来的，还给"中国猿人"定了拉丁语的学名——Sinanthropus pekinensis（原意是北京中国人）。到1935年德国犹太人魏敦瑞来华接替了步达生的工作后，其学名才改为 Homo erectus pekinensis（北京直立人）。

步达生的年纪比我大24岁，按中国人的习惯他应属于父辈。他身材瘦小又有点儿驼背，但总是笑容可掬，待人非常随和，大家都喜欢和他接触。他总是教导青年人要好好干。

在中国地质调查所新生代研究室成立的过程中，步达生做了大量的工作。他先与美国洛克菲勒财团联系资助，后又与地质调查所协商成立新生代研究室的各项事宜。新生代研究室成立后，他任名誉主任。

步达生是个医生，患有先天性心脏病，他深知应该多休息，别人也经常这样劝他。可他把研究工作看得很重，很少有休息的时候。为了早日完成工作，他常常熬夜甚至通宵工作。一工作起来他就把自己的病抛到脑后。

此处描写了步达生的外貌特征及平易近人的性格特点，加深了读者的印象。

他去世之前的那天下午，杨钟健还在下班前到过他的办公室，与他谈论工作。杨先生走后，也曾有人找过他，敲他的门，没人答应。最后到处找不到他，有人把他办公室的门撞开，才发现他趴在办公桌上，手里捧着人头骨，已经过世了。

对步达生的死，大家都极为悲痛，我也深受震动。他那样勤勤恳恳地工作，我比他年岁又小那么多，在工作上和学习上岂能偷懒？从此我下定决心，一定要把知识学到手，努力工作，做出成绩来。

我永远不能忘记的另外两位前辈是裴文中和杨钟健。他们对我的培养和帮助是我工作上、学习上不断取得进步的重要因素。

裴文中先生出生于 1904 年，1927 年毕业于北京大学地质系，毕业后即进入地质调查所工作。1927 年起参加了由李捷和步林共同开展的周口店大规模发掘工作。1928 年李捷到南京任研究员，1929 年步林参加"中瑞西北科学调查团"工作，周口店的发掘由杨钟健和裴文中两位担任。1929 年杨钟健与德日进前往山西和陕西北部考察地质，周口店

心理描写，通过强烈的反问句强调了步达生教授对"我"的影响，同时也反映出"我"悲痛的心情。

汗马功劳：指
战功，后也泛指
大的功劳。这里
指裴文中先生对
周口店工作做出
了巨大的贡献。

的工作裴文中一人负责。

裴文中为周口店的发掘付出了心血，立下了汗马功劳。在周口店期间，他从早到晚不停地工作，既无星期天也无休息日。他和工人一样，日出而作，日落而息，就像过着原始生活。

他对工作，特别在管理方面抓得很严。不管有几个发掘地点，他都是东奔西走到处查看，唯恐失漏和挖坏了标本。他严格地执行着填写"日报"和"月报"制度，还经常改革一些运送渣土的方法，以减轻工人的劳动强度。

他没什么嗜好，很少进戏园子和电影院。当时收音机很盛行，但周口店工作站没有。他平时好说笑，话语中经常带点儿苛刻和调侃，逗人发笑。我参加了周口店的发掘工作之后，登记标本、填写日报、月报等杂七杂八的工作就交给了我，以前这些事都是由他一人承担的。

1929 年 12 月 2 日下午 4 时，他发现并亲手挖掘出了"北京人"头盖骨。他就像发现了宝贝一样。那时已经日落，洞里更黑，他点着蜡烛，还是把它取出来，脱了上衣，裹着它，小心地抱着，慢慢走回了办公室。从此他也成了国内外的知名人士。

在以后的工作中，他仍然一丝不苟，从不拿"大"。他是学地质的，对古人类学和古生物学也是边干边学。从 1932 年起，他对周口店的食肉类动物化石产生了兴趣，经常一边翻阅文献一边拿着现在的兽类骨骼做对比，有时到深夜还在研究。功夫不负有心人，不到两年，他就完成了《周口店猿人产地之食肉类化石》的巨著。

在工作中他有"三勤"，即口勤、手勤、腿勤。每当野外调查，他知道了化石的出处后，不管路多难走也要亲自跑去查看，遇见化石必亲自动手挖掘。他从不把别人发现的材料作为自己的研究资料。我在《令人怀念的裴文中先生》一文中写道："他最大的优点是对人和德，从不拿'大'，吃苦耐劳，乐于助人。"我在与他一起工作期间，从他的言传身教中，学到了很多宝贵的东西。

杨钟健先生也是如此。他 1897 年 6 月 1 日出生于陕西华县，大我 11 岁。他为人厚

动作描写，反映出裴文中先生对文物的珍惜和重视。

人类起源的演化过程 **131**

道，善于育人，一生培养了很多人才。他尊老爱幼的精神为人称道。

1919年他考入北京大学地质系。孙云铸先生比他先一年毕业，后留校任助教。他们的年岁差不多（孙云铸只比杨钟健大两岁），但杨钟健一直称孙为老师，而孙云铸身着布衣、布鞋，头顶旧草帽来我们研究所时，也一直称杨钟健为先生。杨钟健是个急脾气，工作不顺心时就发火，而后他感到自己做得不对，又会亲自向你赔礼道歉。

有一次他看到了我请别人为我刻的一枚藏书章，因为上面只刻了"贾兰坡藏"四个字，没有"书"字，他就问我这章是藏什么用的。我心想，这不是明知故问吗？除了藏书还能干什么！我没好气地说："藏什么都可以。""盖在馒头上呢？""盖在馒头上藏馒头，盖在窝头上藏窝头。"没想到，他居然呵呵笑个不止。仔细一想，他问得有道理。之后，我又请人重刻一枚"贾兰坡藏书"的章，但这枚章我未用过。

他对标本的陈列很重视。抗日战争爆发后，中国地质调查所南迁，地质调查所陈列馆的许多标本也运往南京。当时杨钟健任北平分所所长，他嘱咐我重建陈列馆。我把山顶洞发掘出来的完整的动物化石，组装成骨架，按当时的生活环境和方式，在丰盛胡同3号南大厅开辟了一块山顶洞时期动物生活的小园地。杨钟健非常感兴趣，常常来指导工作，这些材料现在保存在中国地质矿产部地质博物馆内。

中华人民共和国成立后，杨钟健除了担任中国科学院编译局局长外，还任中国科学院直属的古脊椎动物研究室主任。

我除担任研究工作外，还兼研究室秘书并负责周口店和研究室的标本管理工作。

有一天，某大学来函索要周口店"北京人"产地发现的动物烧骨，我就到丰盛胡同3号后楼的标本柜里寻找。突然，我发现了一块外表像人类胫骨的化石，长度比中指长。之后，又找到了一块被烧过的人的肱骨。我马上给杨钟健通了电话。他听说后要我马上带着标本去见他。

杨钟健仔细地看了标本，第二天又来到了兵马司再仔细查看。他问我："你是怎

"嘱咐"一词反映出杨钟健先生对标本的重视。

语言描写，通过语言的描写可以看出杨钟健先生对于"我"能分辨出人骨和兽骨的欣喜与激动。

么区分出它是人的呢？""再小也能区分得出来。骨头只要带着外皮，有蚕豆大小就能分辨。"他兴致勃勃地说："那我得考考你的眼力。"说着叫人把几块人的肢骨和动物的肢骨背着我用纸盖住，纸上只撕了一个手指盖大的孔，让骨面露出来，然后叫我辨认。我看了一会儿，就把是人的指了出来，一点儿没错。杨先生高兴地说："真有你的。"过后杨先生一再叮嘱我，要我把辨别的方法写出来发表。在他的鼓励下我写了一篇《如何由碎骨片中辨认出人骨》的短文，发表在《科学通报》1953 年 2 月号上。

能够辨认人骨和动物的骨头是我平时注意观察的结果，我摸索出来了一些经验。人的骨头表面有许多棕眼式的小孔，暂且叫它为纤孔，以肱骨表面最为明显。纤孔是顺着骨头长向而生的，带有尾式沟，在放大镜下观察像蝌蚪，呈大头长尾状。纤孔排列不规则，有的上下倒置。纤孔多是向侧方倾斜穿入骨里。纤孔较大是人骨特有的性质，而一般兽骨表面的纤孔较细小、平滑。虽然有时骨骼放得久了，因受气候的影响，受酸性物质的侵蚀，骨的表面会发生细微的裂纹，但兽骨只是有沟而孔很少，远没有人骨的裂纹多。

　　通过自己的努力，我取得了一点儿成绩，受到了前辈们的支持和鼓励。反过来，这些成绩也增加了我继续发奋的信心。所以说，没有自己的努力，没有老一代科学家的支持和帮助，一个人获得成功是不可能的。

　　在我家的客厅里，还挂着老一辈科学家的照片。虽然他们大多数都去世了，但自己在工作上遇到困难的时候，看一看这些前辈们的照片，从中也能得到很大的鼓舞。

此处通过对人骨纤孔与兽骨纤孔进行比较，突出了两者间的差异，使读者印象深刻，更容易理解。

发现了三个头盖骨

阅读指导

日本全面侵华战争一步步向华北推进，正当大家为找不到人类化石而发愁时，"我"发现了三个头盖骨、一个下颌骨和三枚牙齿，一时传遍了全国和世界。

光杆司令：形容只剩下孤单一人，没有任何人帮助。这一词反映出"我"在周口店进行考古工作的辛苦。

1936年周口店的发掘任务仍是寻找人类化石。李悦言、孙树森两人相继离开了周口店，我又成了光杆司令。魏敦瑞来北平一年多了，除了一些人牙外，没有见到其他重要材料，他心急如焚。其实我们也是如此。更使我们担忧的是，美国洛氏基金会只给了6个月的经费，而魏敦瑞又只拨给周口店每月1000元的费用。如果6个月后再无新的发现，洛氏基金会可能会断了对周口店的资助。

此外，日本侵华战争也正一步步向华北推进，中央地质调查所已随国民党政府迁往南京。

杨钟健就任北平分所所长，他担心新生代研究室得不到资助，会散摊，我会另找工作。当时我已升为技佐，相当于讲师，找一个教书的差事不会很难。他找我谈了几次话。他问我，如果新生代研究室取消，就在周口店成立个陈列馆，你去管理怎么样？愿意不愿意？我同意了。尽管大家对"后事"都做了安排，但我是周口店的负责人，还是兢兢业业、勤勤恳恳地在周口店干，一点儿不敢马虎。杨钟健也是三天两头地到周口店检查工作，他看见大家都精心工作，也放了心。

　　天无绝人之路。正当我们为找不到人类化石而一筹莫展的时候，在这一年的 10 月 22 日上午 10 点钟左右，当我们发掘到 8~9 层时，我突然看到在两块石头中间，有一个人的下颌骨露了出来。当时那高兴劲就别提了。我马上趴在现场，小心翼翼地挖起来。下颌骨化石已经碎成几块，每块都被土石包裹着。我们把挖出的化石立刻拿到办公室修理，再用火炉子烘干，第二天派人把它送到了魏敦瑞手中。他看到后，高兴了起来，很

引用俗语进行转折，引出后文发掘工作的发现和进展，过渡自然。

长时间愁苦着的脸有了笑容。几个月的工夫没白费，发现了下颌骨给大家以很大的鼓舞，我们都来了神，我决定继续干。11月15日，由于夜间下了一场小雪，到了早上9点钟我们才开始工作。9点半，在临北洞壁处，技工张海泉在他负责的方格内的沙土层中，也挖到了一块核桃大小的碎骨片，当时我离他很近，看见他把骨片放进了小荆条筐里，我问是什么东西，他说："韭菜（即碎骨片之意）。"我过去拿起来一看，不由大吃一惊："这不是人头骨吗？"大家听我一嚷，也马上围了过来。

反问句，表达肯定的观点时用反问句更能引起人们的注意与重视。

我马上派人把现场用绳子围了起来，只许我和几名有经验的技工在内挖掘，其他人一概不许进入。我们挖的非常仔细，就连豆粒大的碎骨也不遗落。在这约半米多的堆积内，发现了许多头盖骨碎片。慢慢地，耳骨、眉骨也从土中露了出来。我们这才明白，头盖骨是被砸碎的。直到中午，这个头骨的所有碎片才被全挖出来。我们将碎骨送回办公室清理、烘干、修复，把碎片一点儿一点儿地对粘起来。

下颌骨发现后，就有人断言"新生代研究室要时来运转了"。我们高兴的心情还没平静下来，下午4时15分，在上午头盖骨发现处的下方略北约半米处，又发现了另一个头盖骨，它的情形与上午的第一个相仿，均裂成了碎片。这时天已经渐黑，我派6个人在现场守护，以防意外，同时打电报向当局报告。

此时，杨钟健去了陕西未归，他的夫人王国桢四处打电话找人。找到卞美年后，卞美年第二天早上急急忙忙跑去找魏敦瑞。魏敦瑞还没起床，他听到消息后，从床上跳了下来，急着穿好衣服带着夫人、女儿同卞美年一起，由他的朋友开着汽车来到周口店。

我们一宿没合眼，粘好了第一个头骨。当魏敦瑞到来后，我们从柜子里将头骨拿出来给他。他的手不住地发抖，他太激动了。他不敢用手去拿，而把它放在桌上，左看右看，着实看了个够。之后他的夫人说，当他早上听到这个消息时，从床上一下就跳了起来，连裤子都穿反了。

午后，魏敦瑞一行又到第二个头盖骨发

通过魏敦瑞夫人的话，侧面反映出魏敦瑞得知发现头骨后激动的心情。

现的现场，查看挖掘的情况。由于怕挖坏，挖掘的速度很慢，他们只好带着第一个头骨返回了北平。第二个头骨的碎片，直到日落西山才搜索完毕。此时，当地的村民以为我们挖出了宝贝，发了大财，都跑来围观，在回办公室的道路上也聚集着很多的人。回到办公室，我们又是修呀、烘呀、对碴呀、粘呀，等等，折腾了一宿。17 日夜，我携着这个头盖骨乘火车回北平，亲手把它交给了魏敦瑞。

引用诗句使文章更有趣味性，反映出挖掘工作的形势开始好转。

真可谓"柳暗花明又一村"。11 月 25 日夜又是一场小雪。26 日上午 9 时，在发现下颌骨的地方之南 3 米、之下约 1 米处的硬角砾岩中又找到了一个头盖骨。这个头盖骨比前两个都完整，连神经大孔的后缘部分和鼻骨上部及眼孔外部都有，其完整程度也是前所未有的。大致修理之后，我于翌日携带它返回北平。亲手交给魏敦瑞时，他竟"啊"了一声，两眼瞪着，发了很长一会儿呆，才缓了过来。

在发掘这三个头盖骨的地方，我注意到了一个问题，就是在前面两个头盖骨的地层中同时发现了大量的石器，其人工打击的痕迹很清楚。唯有第三个头骨，虽保存完好，其出土处也得到些沙石片，但石片上没有人工打击的痕迹。对此我产生过疑问。我一直在想，第三个头骨当初是否被移动过？

11 天之内连续发现了三个头盖骨、一个下颌骨和三枚牙齿的消息，一时传遍了全国和全世界。各地报纸纷纷登载这一消息，领导也特意叫我照了一张相片，洗印 100 多张，以提供各地报纸发表之用。后来一家英国专门搜集剪报的公司给我来信，说只需付 50 英镑，就可以把他们搜集到的世界各地发表的、有关发现三个猿人头盖骨的 2000 多条消息的剪报给我。50 英镑啊！我没钱买，去他的吧。

此时，新生代研究室秘书乔石生在给我的信中说："……再者兹有喜事一件请为兄告，即昨日弟往西城工作，在杨大所长桌子上见有翁文灏所长来信云吾兄'近来在周口店成绩甚佳，虽并非大学毕业，而数年追求很具根基，故应特别待遇，而特奖励'等语，即请兄静候晋级加薪可也。"

新的发现也伴随着新的问题，此处反映出"我"在不断地反思和总结。

中央地质调查所北平分所于 12 月 19 日在中国地质学会北平分会上，特别邀请魏敦瑞和我做报告。我谈了挖掘和发现的经过。魏敦瑞在报告中说："现在我们非常荣幸，因为中国猿人在最近又有新的发现：10 月下旬曾发现猿人下颌骨一面，并有 5 个牙齿保存；11 月 15 日一天之内，又发现猿人头盖骨两具及牙齿 18 枚，26 日更发现一个极完整之头盖骨。对于这次伟大之收获，我们不能不归功于贾兰坡君。因为当发现之始，前二头骨化石，虽成破碎状态，但贾君已知其重要性，并施用极精的技术，将其挖出，并经贾君略加修理，后才由卞美年君及余携手研究。"

一时间，我仿佛成了英雄，无论是地质调查所的领导、同事们，还是新闻界的人士，都在为我欢呼、呐喊，这使我感到不安和惭愧。我深知自己吃几碗饭、有多少斤两，对于加在我头上的荣誉，我很冷静。我想，这些赞扬都是对我的鼓励，离真正的荣誉，我还差得很远很远。我仍需努力工作和学习，否则对不起培养我的老一代人。

列数字，通过具体的数字表明当时挖掘的数量很多。

通过心理活动的描写，可以看出"我"是一个谦虚的人。

辗转云南行

阅读指导

为了证实人类起源于中亚高原地区以及开辟新的化石地点，"我"与卞美年、杜林春来到了云贵地区……

纽约自然博物馆已故馆长奥斯朋曾有一种说法，认为人类起源于中亚高原地区，一支往南去了爪哇，一支往北来到北京，一支西行到了德国海德堡。这一见解，在当时很流行，魏敦瑞也颇赞同。南行的一支到爪哇必须经过云南。听中国的地质学家尹赞勋和王曰伦两位说，在云南的富民县河上洞中就有化石。我们决定前往调查。

得到所领导的批准和魏敦瑞的同意后，我们于1937年1月中旬出发了。这次外出只有卞美年、我和杜林春三人。出发前我还在患重感冒，在家休息。卞看我躺在床上，征求我的意见，想把行期往后推。我说，休息几天就没事了，下个礼拜可以动身。

这次外出，是想开辟新的化石地点，尽管我们已经在周口店找到了那么丰富的人类化石。对于我个人来说，在新一年周口店发掘工作开始之前，外出旅行一次，也是很难得的机会。当时京滇（diān）公路已建成，但还没开通，我们只好先到长沙。我们暂住在长沙分所，打算再雇汽车到云南。汽车没雇到，只好在长沙闲等。逛大街穿小巷，观察当地的风土人情。当然我们也没忘记渡过湘江，登上岳麓山，去凭吊中国地质界的老前辈和奠基人之一，我们的老所长丁文江先生。丁先生的墓地就在岳麓山上。

几天后，我们再次去公路局询问车子情况。答复是小车子没有，如果我们愿意，给我们一个中等的旅行车。车子听我们调遣，也可顺便拉上几个客人，一路上想停就停，想走即走，费用照收。我们觉得虽有不便，可一时又没有想要的车，为了赶时间也只好如此。

车从长沙出发，客人不多，很松快，连躺着睡觉都可以。西行到了桃源县，车子坏了。一问司机，才知道一时半会儿修不好，

滇：云南省的简称。

出师不利：意思是出战不顺利；形容事情刚开始，就遭受败绩。

有个零件要到常德去买，真是出师不利。正在烦闷无聊的时候，我突然想起了陶渊明的《桃花源记》。那还是我上学时学过的，文章字数不多，但结构严谨，含义丰富，老师叫我们背过。"晋太元中，武陵人捕鱼为业。缘溪行，忘路之远近。忽逢桃花林，夹岸数百步，中无杂树，芳草鲜美，落英缤纷。渔人甚异之。复前行，欲穷其林……"我把这篇文章背给卞美年、杜林春两人听，又把文章讲的故事叙说了一遍。我提议："既已到此，车子又坏了，天赐良机，准是叫我们游一游桃花源。你们看怎么样？"卞美年、杜林春也来了精神。我们当即雇了一条小船，沿江漫漫游荡。船夫悠悠向前划行，只见前方有一片树林，船夫告诉我们，那就是桃花源了。划至近前，桃花虽不见盛开，却也含苞欲放，看得我们眼花缭乱。当时陶渊明写《桃花源记》时，是渴望有一处和平安详的生活环境。虽然我们什么也没见到，觉得有点儿遗憾，但到此一游却赶走了因车坏而造成的烦恼。回来时已是下午 2 点了，我们草草吃过饭，就往坏车处赶。

车修好了，继续西行。当时的公路很窄，路面也没有柏油，只铺了一层粗沙。路面被雨水一冲，泥泞不堪。车子左摇右晃，一天跑不了多少路。我坐在车上头昏脑涨，腰腿也酸痛难忍。我们不时叫车停下来，下车活动一下身脚。当年的旅行真是不易，与今天比较起来，有天大的差别。天色近黄昏时，到了贵州省黔东南苗族侗族自治州北部的施秉县，我们找了个旅店住下。我们三个人住在北房的一个大间里，因腰酸腿疼太累，晚饭后大家早早就入睡了。半夜，卞美年把我推醒。"你听这是什么声音？好像是同车而来、住在厢房的两位妇女在哭。看看去。"卞美年拉起我就走。敲开门一问，才知道她们的路费用光了，前不能行，后不能退，所以急得哭了起来。年老的妇女指着年轻的对我们说："这是我儿媳，要去贵阳找丈夫。"我俩一听，认为这没什么大不了，忙劝道："既然大家有缘同车而行，哪有不帮助的道理。"我回房取了15块银圆，交给老婆婆，又说："不管如何，我们一定把你们送到家。钱呢，不必挂在心上，有就还，

厢房是指在正房前面两旁的房屋。

通过对"我"的动作和语言描写，揭示了"我"乐于助人的品质。

详细地描写了少数民族妇女的衣着打扮，展现了当地妇女的服装特色，让读者印象深刻。

没有就算了。"她们说了许多感谢的话，我俩也回屋继续睡觉去了。

汽车开到了贵阳东关，两位妇女下了车，她们要我们等一等。只见老婆婆跑进了一条小巷，那位年轻的女子站在车前。我们不知怎么回事，正在疑惑，从小巷中出来一个青年，后面还跟着一群人。他们走到车前，一位年长的男人叫那个青年把钱如数还给了我们，还拉着我们去他家做客。我们解释说，要去云南有急事，不能多耽搁。磨了半天嘴皮子，他们才放我们走。车子开出很远，还见他们在向我们挥手。

到了安顺，我们看见当地的少数民族妇女上着蓝色短衣，腿上打着裹腿，赤足担水在街上叫卖。我也不知她们是什么民族，只是拿出相机，给她们照了几张相，就急忙上了车。到了下一站，我才发现相机不见了，左找右找也没有。想来想去，是给少数民族妇女照相时，卸完了胶卷忙着上车，把相机丢在大石头上了。唉，真倒霉，这是我花40块钱买的。卞美年、杜林春两人劝了我半天，一路上我还是很心烦。好在回到北平后，我把照片投到《大公报》几张，得到一些稿酬，补回了一点儿损失，因为那时贵州与内地的交通不便，这种照片很难得。

路途中，还经过了一个地方，我忘记叫什么名字。只见有的人家把门板卸下来，竖在门前，上面贴着长一米、宽半米的饼子。用手去摸，软软的，很像中医的膏药。问老乡，才知道是大烟，我听了之后吓了一跳。我不由想起北京有人吸食大烟，倾家荡产，家破人亡的情景。不承想这种害人的东西在这里到处都是，能不叫人胆战心惊吗？

反问句，写出了大烟让人胆战心惊的事实，表达了"我"的观点，用反问句引起读者的反思。

到了贵州西部的盘县（今属六盘水市），我们乘的那辆车就不往前走了，因为以后的路段不归长沙管辖，去云南需要另换车。我们三人找了一家小店准备住下。进去一看，脏乱不堪，床上幔帐成了灰色，一动到处飞尘土。卞美年说，走吧，上县衙门去吧。

我们来到了县政府，县长立刻出来迎接。他早已接到长沙的通知，知道我们要路过他管辖的县去云南，为我们做好了准备。县长把我们迎进后院。后院有三间北屋，西边一间是他的办公室，东边一间是他的住房，中间那间原来是客房，让我们三人住。室内干干净净，我们当然很满意。

在这里住了几天，县长对我们极为优待。早餐县长陪着，中餐、晚餐可以说顿顿是酒席。我叫杜林春去问车，可回答总说没车。上街逛逛吧，又有警察跟随保镖。不对吧，我们越来越觉得不对劲。卞美年和我叫杜林春偷偷地给翁文灏所长打了个电报，说明了我们在盘县的情况。

第二天上午县长就收到了翁的电报："卞、贾赴云南工作，请斥警护送出境，翁文灏。"至此县长才向我们吐了实情。原来，长沙卫戍司令部的军需，携带着一个营的军饷潜逃，就是乘我们的那辆特别待遇的车。盘县归长沙卫戍司令部管辖，所以县长接到通缉令，把全部乘客扣留。他也知道我们的底细，又不敢冒犯卫戍司令部的命令，只好用好吃好喝的办法，把我们三人给软禁起来。两天后，长沙司令部派来汽车押解犯人，又顺便把我们送到了平彝(yí)。

我们是在平彝过的春节。平彝是个穷县，过年连个鞭炮声也听不见。时逢过年，

这种优待让"我"觉得反常，设置悬念，也为后文的误会埋下伏笔。

平彝：今云南省富源县。

饭铺又关了门，我们只好与县长在一起吃了年夜饭，初二一早就乘长途汽车上路了。车子经曲靖到云南首府昆明。在昆明，因我们揣着经济部长的介绍信、卞美年朋友的介绍信，所以受到很好的照顾。卞美年的四哥卞万年是协和医院的大夫，他事先给在昆明医院当院长的同学写了信。出发前，我的感冒并没彻底好，落下的一站一坐腿便疼的毛病还是他给治好的。

昆明到富民不通汽车，我们只得雇几匹马，驮着我们和行李前进。马很小，天又下着小雨，路很难走，我们常常要下马牵着它走。从上午出发一直走到傍晚，才到达预订的客栈。

休息一夜，第二天我们就前往河上洞。河上洞在县城西约 4 千米的螳螂川旁的山坡上，距地面有六七十米。坡很陡，我们边爬边开路。到了洞里一看，那叫一个脏！洞口处横卧着一具干尸，干尸手里还拿着装鸦片烟的空筒子。我们叫雇来的民工把死尸埋了，又清理了一下现场，按比例测量完洞的平面图后，就正式发掘了。

洞里各处我们都发掘了，只有右壁的角落里化石较多。每天我们也不过掘出点儿兽牙，兽牙的牙根也不全，像被豪猪啃过的。兽牙中有大熊猫、鬣狗、犀、貘、鹿和象的牙齿，这些动物都属于"大熊猫—剑齿象"动物群。其他没有什么重要发现。

正月十五这一天，天气很热，我们个个汗流浃背，卞美年更觉得喘不过气来。猛然间，他跳入河中，想洗澡凉快一下。我们还没反应过来，他就大叫："别下来！水太凉。"当他爬上岸后，浑身打起哆嗦。我和杜林春赶紧把他背到平地上，雇了匹耕地的马，将他驮回店房。杜上街买药，什么也没买到，丧气而归。此时卞浑身滚烫，我们也没了主意。正在这时，县长来了，他看了看卞，说吸口大烟就没事了。我们本来痛恨毒品，但到了这时，也不得不试试。大烟装好了，卞不会吸。这时有个当地人吸了足足一口，朝着卞的嘴里、鼻里猛地一喷，接着又如此喷了几次。第二天卞还真好了许多。我问："大烟什么味？上瘾了吗？"他说："要是上了瘾，我回去怎么交代呀，你们也交代

"汗流浃背"
"喘不过气"侧面表现出天气的炎热，以及考古工作的艰辛。

不了。"

以后，卞在客栈休息，我和杜带着雇来的民工去挖掘。几天下来，仍觉得没戏，我们便带着这些化石，打道返回了昆明。

在昆明，我们马上给魏敦瑞拍了电报，汇报情况。魏敦瑞也很快回了电报："卞可留云南找新化石点，贾乘飞机速返。"接到电报后，我马上去机场探询。当时昆明只有中德合作的航空公司。该公司有飞机从昆明飞往西安，已经试飞过，还有航空保险。不过一问票价，400块，我直吐舌头。要知道400银圆，当时可以买下一所小四合院呢。我只好再给魏打电报，魏回电说："不管票价多少，速归主持周口店工作。"

飞机是中德20号，外表很好看。飞机上没有几位旅客，一来是票价太贵，二来是刚试飞还无人敢坐。当时飞机的座舱不密封，飞到高空时，缺少氧气，乘客非常难受。空中小姐不时拿着一根皮管，往客人的鼻里、嘴里吹氧气。这样到了西安，我又改乘火车返回了北平。

"直吐舌头"可以看出我的惊讶，也侧面反映出票价的昂贵。

升为技士

阅读指导

回到北平后"我"继续在周口店进行考察，由于前一年"我"工作上颇有成绩，地质调查所破例提升"我"为技士，并发给"我"奖金，可谓双喜临门，但此时的"我"还真高兴不起来。

我是在1937年3月20日返回北平的，月底就到了周口店。发掘地仍是周口店第1号地点。4月下旬，我们在去年11月发现第二个头盖骨的地方附近半米深处，又发现了一个眉骨。从碴口上看，该眉骨像是第二个头骨上的。第二天，我派人回北平，将眉骨交给了魏敦瑞。

没几天接到他的来信，信中说："感谢你送给我这项材料。……上眉骨确实属于第二个头骨，我已把它复了位。这里的看法和我一样，或者可能发现更多的东西。"

周口店又有了新的人类化石发现，美国

引用魏敦瑞回信中的内容，更有说服力，同时也呼应了前文中"我"的推测。

洛克菲勒基金会又资助了新生代研究室数万美元。从此，大家抱着更大的希望。

希望归希望，这一年的发掘除了那件眉骨外，并无更多的人类化石发现，所以发掘工作到6月草草结束。发掘中倒随处可见大型石器、小型石器以及破碎的骨器。很显然，这一地层当时是人类居住过的。除此之外我们还发现了一些哺乳动物化石。

除了在第1号地点发掘外，我还派了发掘能手柴凤歧领一些人前往灰峪进行小规模的发掘。灰峪这个地点，是我们为了寻找新的化石地点背着地质调查所调查时发现的。它离周口店很远，但我们仍把它编为"周口店第18号地点"。因为周口店的发掘款是专款专用，在支出的单据上不打上"C.K.T"三个字母，美方是绝对不会支付任何钱的。

C.K.T 是周口店的英文简称。

这个年度的发掘虽然没有前一年那么紧迫，但杂七杂八的应酬很多。由于前一年发现了三个头盖骨，很多人来到周口店参观，其中还有美国某电影公司委托上海电影制片厂来拍电影的。这些人我都要出面接待，我还要当"演员"。

裴文中先生也来信想要周口店发掘的照片，这说明他身在法国，仍非常关心周口店的工作。提到照片，我又不得不做个补充，我在去云南途中丢了一架照相机，回来后又花了 80 银圆买了一架柔来弗来相机。现在我还保留着用这架相机拍的老照片。照出来的照片非常清楚，效果颇佳。可惜的是，相片保存了下来而相机早已损坏，被我扔掉了。

　　这一年对我来说很幸运。由于前一年我工作上颇有成绩，地质调查所破例提升我为技士（相当于副研究员或副教授）。提升技士职位，需上报铨（quán）叙部批准。批文下来之前所里暂以"调查员"的名义任用我。

　　此外，地质调查所还发给我奖金 200 元。这个消息是我在云南时接到秘书乔石生的信知道的。他在 2 月 22 日的信中说："……昨 19 日接南京总所寄予郁生兄函，并由浙江兴业银行汇来奖金 200 元。……特此奉告。南京所来函原文抄录如下：'兹因台端工作勤劳并在周口店采集化石，管理研究颇有成绩。特发给奖金 200 元，即祈查收。

铨叙：旧时政府审查官员的资历，确定级别、职位。

人类起源的演化过程 **157**

此致贾兰坡君。地质调查所启。1937 年 2 月 16 日。'"

又提升，又得奖金，可谓双喜临门，但此时的我还真乐不起来。因为我们从报纸上看到并时常听到，由于国民党的不抵抗政策，军队节节败退，日本侵略军已经入侵到北平的家门口了。日寇不断寻衅闹事，并打算大举向华北进犯。在这国家和民族危亡的时刻，有谁还乐得起来呢？

6 月底，挖掘工作结束，我们照常把化石进行清理、编号、包装，装入大筐中，送到周口店火车站，准备运往北平。7 月初的一天，周口店火车站来电话说，去北平的火车不通，情况不明。第二天又来电话说，日本军在卢沟桥向国民党军队挑衅，故意制造事端，恐怕要打仗。我听到这消息，当晚召集技工和工人开会，商量对策。大家都对日本侵略者恨得咬牙切齿。最后决定，愿回北平的，大家一起走；不愿走的，仍旧慢慢发掘第 4 地点。不过我要求他们把挖掘过"北京人"的地点用土石回填并夯实，不给日本人留下蛛丝马迹。

重振周口店

阅读指导

　　1949年北平解放后，周口店的工作得到了党和国家领导人极大的关怀和重视，不但改善了工作条件，而且还修建了新的陈列室、办公室和住所，其间，这里还接待了很多国家领导人。

　　1949年1月北平解放。中国人民解放军正以摧枯拉朽之势，向国民党反动政府盘踞着的南京挺进。全国解放即在眼前。

　　北平刚解放不久，人民政府向各个机关派驻了联络员。地质调查所北平分所也来了联络员赵心斋同志。有一天，陈列馆看门的老张头找到我，说有人要参观陈列馆，叫我去接待一下。当时的陈列馆在丰盛胡同3号，前门关闭，只开后门，斜对着兵马司9号分所的大门。这个陈列馆平时不开放，只供学校地质部门的学生和研究人员学习和参考之用。看门的仍是过去的老人——老

摧枯拉朽：摧折枯草朽木，比喻迅速摧毁腐朽势力。

张头。

老张头说来参观陈列馆的是个老人。我到时，老人正在门口等候。见面握手，彼此客气了一番。只见老人身穿蓝布制服，非常和善。我陪他边走边看。他问了很多问题，我都一一仔细地做了回答。当他看到周口店山顶洞发现的许多副脊椎动物的骨架后，说："周口店你们还应当发掘啊！"我说："中华人民共和国刚成立，国家正处在百废待兴的时刻，恐怕顾不上这项工作。"他说："这也是我们应该做的事。他们有人不懂，可以跟他们说清楚发掘的必要性，一次不行再说，再说不行，可以向上边反映嘛！"临走前他在签名簿上签了名。

我回所后去找赵心斋，说："这老头来头可不小啊！"我把老人说的话向他学舌了一遍。赵心斋听后叫我拿签名簿给他看。他一看，"哎呀"了一声："这是徐特立呀！"我想，怪不得他说话那么硬气。

徐老参观过后一个多星期，赵心斋叫我做个详细的周口店发掘计划。

我心想，现在刚解放，各个方面都需

通过老人的话可以看出他对周口店的发掘工作很重视，他到底是谁呢？此处设置悬念，引起阅读兴趣。

要钱，就做个小打小闹的计划吧。这样既能有点儿工作干，又能为国家省点钱。没想到计划修改了几次都没能通过，还是赵心斋亲自动手把经费数字增加了很多，才最后通过了。

我记得当时的薪金是用小米计算的，我每月大概是900斤小米。当然也有超过千斤和更高的。虽然这不如旧社会薪金高，但旧社会物价飞涨，有时一天三变，尽管薪水多，也赶不上物价的上涨。

周口店的计划批下来，由我当队长，刘宪亭任会计，组成了一个发掘队。我们到了周口店一看，面目全非。原来的房子被日本鬼子拆毁后，改修成了工事，满地杂草丛生，遍山荒芜不堪。这又不由得使我想起了被日寇杀害的赵万华、董仲元和肖元昌。他们的音容笑貌，历历在目。这怎么不令人痛恨日本军国主义呢！我真希望在房山县西门外立一座石碑，刻上被日本鬼子杀害的死难者的名字，以示对他们的永久怀念，教育子孙后代不能忘却这段历史。

这里没法住了，我们来到了琉璃河水泥

面目全非：事物的样子改变得很厉害，形容事物变化很大。可见日本侵略者将遗址破坏得非常严重。

厂采石场宿舍，暂时住下。首要的工作是找到过去在周口店挖掘的技工。先找到的是乔瑞，我们与他协商了发掘和报酬的事。他说他在灰窑做工每天是 5 斤棒子（即玉米），我们给他 5 斤小米，这要比灰窑的工钱高，他同意了。两天之后，他找来了一批工人，随后发掘工作就正式开始了。

我们先要把 1937 年回填的土重新挖掘出来。挖土中，在"北京人"化石出土地点的表面上突然发现了 5 枚人牙。但我们看得出来，这些牙齿并非出于原地层，而是出自上部第 4 层（灰烬层），是坍塌下来的产物。不管怎样，这是中华人民共和国成立后的第一次发现，是个好兆头。

没有办公地点和宿舍，工作起来很困难。我回到北京和上级部门商量建宿舍的事，但得到的回答是：野外队不能建房，只能用帐篷或活动木板房。我认为这对我们不适合，我们是固定在周口店搞发掘工作的。

1950 年下半年，我们买了些旧房料，自己动手盖了三间小房。盖房时连裴文中都爬上了屋顶钉椽（chuán）子。门窗请木匠做，山上有的是石料，马马虎虎就把房子盖起来了。因为我们都是外行，房子盖好后才发现橡子距离大小不等，大家笑个不停。这个房子既成了我们的宿舍，也是我们的办公室，还接待过不少来参观的客人。中间房屋的两侧，都搭了一块木板，作为陈列之用。在这样的条件下，我们住了两年之久。

地质部的前身，中国地质工作计划指导委员会成立之后，新生代研究室在1953年改为古脊椎动物研究室，归属于中国科学院领导，1957年扩大成中国科学院古脊椎动物与古人类研究所。

杨钟健所长陪同竺可桢副院长到周口店参观，他们见办公和住所条件太简陋，便指示科学院出经费在日寇拆毁的旧址上重新盖起了一座新式房屋，面积有295平方米。房屋东边一侧做陈列室，西边做办公室和住所。为什么要建295平方米呢？因为按当时的规定，建超过300平方米的建筑要由主管房屋的部门审批，不足这个数的科学院可以自己做主。这里我们还打了一个埋伏呢。有了新的陈列室和办公室、住所，周口店的工

挖掘工作虽然艰辛，但大家都能在苦中作乐，侧面表现出挖掘人员的乐观。

作条件有了很大改善。此外，周口店的工作也得到了党和国家领导人极大的关怀和重视，很多国家领导人参观过周口店。

裴文中曾接待过刘少奇同志；我也接待过邓小平同志和彭真同志及他的夫人，还有北京市的公安局局长等其他领导。邓小平同志在参观中详细地向我询问有关人类的起源问题和今后如何开展工作等问题，我如实做了汇报。他听得非常认真，没听清楚的，还要重新问。

在我陪彭真市长及夫人参观期间，有人在周口店村东边太平山脚下发现了个山洞。洞内有各式各样的钟乳石，像石柱、石笋、石幔等，景观非常美丽。彭真当即建议，这么美的洞穴不要为取点石头毁掉，应当加以保护，成为旅游景点。可惜的是后来这个洞因采石灰岩被毁掉了。

还有一次，我正在检查工作，一个青年人跑来告诉我，说叶剑英同志来啦！我赶忙回来接待。会客室里，叶帅一边喝茶，一边听我们讲周口店的发掘史。他谈起话来非常和气，没有一点儿领导人的架子，连我们的生活问题都问到了。最后他参观完挖掘地点，满意地走了。要说最常到周口店来的是我们的老院长郭沫若。他对我们的工作非常感兴趣，有时还亲自动手挖掘。他很随和。

1958 年我同北京大学历史系考古专业的师生一起合作发掘，杨所长和郭老突然来了。当时我正在周口店养病，我的老伴夏景修也来到周口店照顾我。郭老可称得上是个才子，他给学生讲话，没有准备，不用讲稿，讲起来滔滔不绝，头头是道。同学们也听得津津有味。这一讲可就到了下午 1 点多了。

有人把我拉到屋外说："他讲得太久了，恐怕要在这里吃饭了，叫嫂夫人快准备准备吧。"这可把我老伴急坏了。郭老是院长，又是副委员长，要是从外边买回现成的，怕不干净吃出毛病，自己做吧，又没什么菜。没辙了，只好用一点儿蔬菜加熟肉丝炒了四盘菜，酒家里有；主食是面条，连个卤也没有，就用酱油和醋做了个"余（tǔn）儿"，用来拌面。没想到他吃得很香，其实他不是个在乎吃喝的人。

"滔滔不绝"

"头头是道"连用两个成语，侧面反映出郭老非常有才华。

广西探洞寻"巨猿"

阅读指导

　　一天，"我"接到了广西某县一位中学老师的来信，信中说：他们在山洞里刨出很多化石，希望我们派人去了解，看看是何物。于是考察队来到了广西，经过了一些曲折以后，终于找到了"巨猿"化石。

　　我们既不会"神机妙算"，又没有"特异功能"，只能凭着别人给我们提供的线索，去寻找我们需要研究的对象。

　　以前老百姓没有哺乳动物化石这方面的知识，但你要说"龙骨"，他们大多数人，包括小孩子都知道。当时各地的一些民众把挖"龙骨"作为副业。在西北地区，每年挖出的"龙骨"至少有数十万斤之多。"龙骨"被收购站收购后，再销往中国香港、东南亚地区及世界各国。许多华人都有把"龙骨"当中药吃的习惯。其实"龙骨"就是我们所说的哺乳动物化石。中药中的"龙骨""龙齿"

通过西北地区的例子，说明了当时挖"龙骨"数量之多。

（即哺乳动物的牙齿）完全可以用牡蛎壳代替，但中医大夫们仍喜欢用"龙骨"。

20世纪30年代，德籍荷兰的古人类学家孔尼华曾来华，他把在香港和广州中药铺里买到的三颗巨大的猿牙齿给魏敦瑞看，孔尼华将此类猿命名为"巨猿"。巨猿牙齿很大，与现代人的牙齿相比，几乎大四倍。魏敦瑞很吃惊，他看了很久，越看越觉得像人的牙齿。后来两人又把"巨猿"的学名改为"巨人"。这么大的猿原来生存在何处呢？孔尼华认为在华南，因为他是在香港和广州买到其牙齿的。

我们虽然对"巨猿"极感兴趣，但不知到哪里去找。华南地区太大啦！事有凑巧，我们接到了广西某县一位中学老师的来信，信中说：他们在山洞里刨出了许多化石，希望我们派人去了解，看看是何物。这一下我们有了目标。过去也听说广西的龙骨很多，何不把广西作为突破口呢？一下子我们又兴奋起来。

此时，裴文中已由国家文物局回到我们研究室，因此由他担任队长，我担任副队

通过与人类牙齿的对比，说明巨猿牙齿的巨大，凸显了"巨猿"牙齿的特征。

运用了反问的句式，加强了语气。表达了肯定的想法，表明了我们要去广西的态度。

长，组成了调查队。前往广西调查时，我们研究室差不多是全体出动。我记得参加的人员有黄万波、韩德芬（女）、张森水、王存义、许香亭（女）、乔全芳、乔歧、柴凤歧等人，还有北京大学的吕遵谔和广西博物馆的何乃汉等。

1956 年年初，以裴文中先生为首的"巨猿考察队"开赴广西。大家爬山，钻洞。我们的工作得到了自治区政府的大力支持，工作进行得很顺利。

一位王厅长也和我们一起钻了许多洞。虽然我们找到了很多哺乳动物化石，但最终的目标——"巨猿"连个影子也没见到。

1956 年初春，调查队到了柳州，我们到处爬山、钻洞。在柳州西南 12 千米的公路旁、白面山的南麓发现了白莲洞。<u>白莲洞洞口高出地面 20 多米，因洞口正中有一块形似莲花蓓蕾的白色钟乳石而得名。</u>柳州地区的石灰岩的岩溶现象十分壮观，山上溶洞很多，洞内的堆积丰富。当地农民常到洞内挖取"岩泥"做肥料。

我们在洞内被扰乱了的堆积中，发现

叙述了白莲洞名称的由来，将白色钟乳石比作莲花蓓蕾，形象生动，更通俗易懂。

了很多软体动物壳和少量鹿牙化石。值得一提的是，我们发现了一件扁尖的骨锥和一件粗制的骨针，可惜针身都已残破。另外还有四件石器，它们都是由砾石打击而成，其锋利的刃口可作砍斫之用。经我和邱中郎鉴定，该石器属于旧石器时代晚期。后来，白莲洞受到北京自然博物馆周国兴和柳州市的易光远等先生的重视，他们进行了大规模的发掘，收获很大。在这个洞穴里的不同地层中，他们发现了不同时代的材料，从旧石器时代到新石器时代都有。

除白莲洞外，我们在柳州市木罗山思多屯的一个山洞内，在因挖"岩泥"而遭毁坏的残余堆积中，发现了螺壳和一件经人工多次打击才从石核上打下来的燧石石片。在柳州西南的柳江县进德乡的一个南北贯通的洞内堆积中，我们在下层找到了剑齿象化石，上层找到了螺壳、介壳层石器。

虽然有收获，但我们是来找"巨猿"的，没见到原生层位的"巨猿"化石，也不能算有成果。

在南宁，我们跑到供销合作社去看他

概述说明，点明前文中的收获，也表达了没有见到原生层位的"巨猿"化石的遗憾。

们收购来的"龙骨"和"龙齿"，在成堆、成麻袋的"龙骨"中，还真见到了"巨猿"的牙齿。"巨猿"的牙齿很好辨认，因为它在猿类牙齿中算是最大的，牙瓷很厚，表面光滑，对着光看还有微红色的闪光，光润耀眼，好像宝石，煞是好看。在成堆、成麻袋的"龙骨"中找到"巨猿"牙齿，使我们像"他乡遇故知"那样高兴。大家都感到广西就是"巨猿"的家乡，我们的估计没错。

当问到这些"龙骨"来自何处时，又使我们傻了眼。因为他们把收购来的"龙骨"都堆在了一起，然后装入麻袋运往外地。"巨猿"的线索又没有了，我们很失望。此时，裴文中提议，把现有的人分成两队，一队由他率领到南宁以北的地带寻找；一队由我率领往南宁以南的地区搜寻。

在我们往南搜索的小组里，我记得有吕遵谔、何乃汉、王存义、乔歧、柴凤歧等人。我们在南宁时，曾到中药店询问过，据说崇左县境内产"龙骨"。所以我们这一小队就乘火车直奔了崇左，然后再从崇左往北返回，各处钻洞寻找。

2月初，到了崇左。我们仍到供销合作社先去挑选我们需要的"巨猿"化石，还真找到了好几颗"巨猿"牙齿。我们向他们询问"龙骨"来源，才知道这几颗"巨猿"牙齿并非本地所产，而是来自大新县。我们听不懂当地话。幸亏崇左县政府派了一名干部协助我们工作，又有何乃汉先生，通过他们两人的翻译，我们才弄清楚"巨猿"的产地。

由崇左到大新，通车的地方乘汽车，不通车的地方我们就靠两条腿。步行时，行李带得很多，成了我们的累赘。每天外出，爬山、钻洞、行路、找住所，整理行装是很大的麻烦事。当时的条件没法和今天相比。不过，在当地找个挑担子的人帮助挑东西倒很容易。那时在城里还能经常看到手拄着扁担找活儿干的人，而且大多是妇女。

2月9日，我们到了大新县政府所在地——新和街。县政府很快为我们安置好了住所。我们迫不及待地又找到收购站。从这个收购站里不但找到了不少"巨猿"牙齿，最可喜的是我们知道了这些化石的产地——榄圩区正隆乡那隆屯。目标缩小到一个村，

描述了当时从崇左到大新的路途的艰辛，侧面反映出考古工作的艰苦。

大家当然很高兴，深信"巨猿"的出处很快就会弄个水落石出。

2月15日，我们到了那隆屯。虽然路不算远，但因下着小雨，又是步行，所以傍晚才到达。屯子坐落在一个四周环山的山谷里，周围有牛睡山、乌猿山、谢山、尾塘山。屯子不大，只有70多户人家。村民看上去非常朴实。

第二天，虽然仍在下雨，我们还是拿着从大新供销合作社买来的"巨猿"牙齿，挨门挨户地向村民们询问。当我们走进一位老大娘的家门时，还没来得及寒暄，一个小男孩就拿出了一个装有"龙骨"的筶（pǒ）箩给我们看。啊，在这个筶箩里就有"巨猿"的牙齿。当我们把它拿在手里，激动得手都有点儿发抖。我们的心血没白费，多日的追踪，总算有了眉目。小男孩是老大娘的孙子，约有十来岁。我问他这些东西是从哪里弄来的，他用手往屋后一指："就在那个山头上。"

午饭过后，雨稍小了点，但仍淅淅沥沥地下着。我们登上了小男孩所指的那座山。

• 筶箩：用柳条或篾条等编成的器物，帮儿较浅，有圆形的，也有略呈长方形的，用来盛放粮食、生活用品等。

这山当地人称为岜（bā）磨弄山（汉语为牛睡山），山上的洞穴名为黑洞。山很陡峭，洞口离地约有100米，从山下看得清清楚楚。

我们拽着树棵儿，费了很大劲才爬到洞口。洞不深，总长20多米，从洞口往里是一条窄道，走到尽头才开扩成室。含化石的堆积，在尽头还保留了一部分，其余的都被村民挖光了。我和吕遵谔凭着一个皮尺，一个指北针和一根竹竿，一边测量，一边绘制平面图和洞的轮廓图。其余的人进行发掘。

洞中的堆积可分为两层，上一层为石笋胶结的黄色硬堆积；下一层为不很胶结的蒜瓣状的红色黏土。就在下层的上部分，我们发现了"巨猿"的牙齿。这是我们长途跋涉，经过了40天的努力，亲手从原生堆积中找到的"巨猿"材料。我们找到了"巨猿"的"家"。

详细介绍了洞里面的情形。

找到了"巨猿"化石，大家也暂时忘却了苦和累。累不必说了，就说苦，那还真苦。屯子里缺少饮水，人和牲口都吃一个坑里的水。把水烧开了也觉得咸涩难咽。可是当地群众不就是这样生活嘛。再说耗子到处都是，特别是夜里到处乱窜，睡觉时，耗子在身上跑来跑去。有时用手巾包裹好、准备第二天外出时带的干粮，早起一看没了。都是该死的耗子给拉走了，我们每个人都气鼓鼓的没有办法。再有这里的毒蛇很多，我们外出都结伴而行。一手拿着手电筒，一手拿着木棍，边走边划拉草，为的是"打草惊蛇"。夜里连外出小解，都叫个同伴。起夜太勤的人则觉得困难。而我们就是在这样的环境下工作了一段时间，才返回南宁。回南宁前，我们给裴文中拍了电报，又写了一封信，把我们的发现经过说了，促使他们那个队的人努力。

裴文中带领的北队也获得了丰收。柳城县长曹乡新社中村的农民覃秀怀，在一个山洞里挖岩泥时，挖出了许多"龙骨"，引起了洛满人民银行韦耀社的注意。他认为这些"龙骨"很有科学研究价值，要覃秀怀把这些东西捐献给政府。

这些材料送到了南宁广西博物馆。广西壮族自治区文化局将标本交给了裴文中。这是一个"巨猿"的下颌骨。裴文中在广西壮族自治区文化局、柳州市文化局和柳城县文

"结伴""边走边划拉"可以看出当时挖掘条件的艰苦。

教科的帮助下，找到了覃秀怀。在他的指引下，在柳城县长曹乡新社中村之南约 500 米的楞寨山上，找到了发现"巨猿"下颌骨的山洞——硝岩洞。此后，裴文中先生再次到广西，带领柴凤歧等人继续发掘，从中又发现了两个下颌骨和若干个牙齿。这些材料经吴汝康先生研究，仍用孔尼华定的学名——"巨猿"。从齿面上看，它具有很多人的性质，我认为魏敦瑞和孔尼华改为"巨人"的意见也应考虑。

这次广西之行，可以说成绩斐然。

成绩斐然：意思是取得了突出的成绩，多用于形容人很有成就，成绩突出。

寻找细石器的起源

阅 读 指 导

　　为了研究旧石器的传统，"我"自 20 世纪 70 年代中期之前就在东北、内蒙古及各地到处奔波。细石器到底起源于哪里呢？

分类别说明了石器的两个类型，使读者一目了然。

　　远古人类以石击石的方法打制出的石器主要分为两大类：一种是小型的，一种是大型的。当然一些遗址中两类同时共存的现象也不少，这是人类在当时特定的生活环境下形成的。

　　过去就有人说过，细小的石器是在草原上生活的人类使用的，这种推论是可能的。在我国，特别是在北部，细石器很普遍，东北、华北、西北广大地区均有分布。在四川也有分布，四川省文物保管委员会主任、古人类学家秦学圣先生曾陪我到雅安一带考察过。此处石核的类型以船形、锥形（或称铅笔头形）、柱形、楔形为主。

从中国往东，在日本、韩国、东西伯利亚和北美洲也都有相同或类似的细石器发现。特别是晚期的石器，连类型和打制的方法都基本一致。例如以"船形石核""锥形石核（或称铅笔头形石核）""楔形石核"为代表的类型群，在辽宁、吉林、黑龙江、内蒙古、宁夏、山西、陕西、甘肃、新疆等省和自治区都有所发现，往西分布到喀什。石器虽有大小之分，但类型和打制的方法是一致的。

通过举例，说明了石器的主要类型以及分布。

细石器到底起源于什么地区？它们又是怎样随着人类活动分布到各处的呢？我的想法是，在数万年到1万年前最后一次冰期的时候（据现在的研究结果，时间还要提前），下降的雨水凝结成冰雪，不能复归于海。又据冰川学家研究的结果表明，在冰期高峰时，海面可以下降100多米，使隔海地带变为通途。人类在这个时期到达各地的可能性很大。

运用设问的修辞手法，自问自答，阐述了"我"对于细石器起源的看法。

早在20世纪30年代，德日进根据我国新疆、蒙古人民共和国和美国阿拉斯加州均有同样类型的石器发现的情况，认为这一类型的细石器是从中国分布到北美去的。大小石器不能混为一谈，小石器在使用上不能替代大石器，同样大石器也不能替代小石器。

为了研究旧石器的传统，我自 20 世纪 70 年代中期之前就在东北、内蒙古及各地到处奔波，对细石器尤为注意。对上述这些类型的细石器的起源地，有的外国学者认为是贝加尔湖，有的学者认为是中国。自从我详细观察了"北京人"的石器之后，认为细石器起源于我国的华北。因为在含"北京人"的化石层里，特别是在上部发现过许多小石器，有的小石器小到只有两三克重。虽然早期的细小石器和晚期的细石器在打制技术和类型上完全不同，但在其细小上则是一致的。随着时代的前进、生活环境的改变，打制出的石器也有所改变和演化，这是历史的必然。

我在我国的东北、华北、西北各地不止一次地调查，走得最多的是内蒙古和黑龙江。现在回忆起来，仍然十分怀念。我到过的地方很多，但去过后忘记的也很多。有很多有趣的事和一些发现，时间一久，因想不

详细地说明了细石器起源于我国华北的原因，引起读者的阅读兴趣。由此可以看出"我"对科学的态度，也反映出"我"是一个谦虚好学的人。

起去的准确时间及一同前往的人员，就只好弃之不写了。1997 年的 6 月 1 日，是杨钟健先生诞辰一百周年纪念日，他的许多亲朋好友、同事和学生都来我们研究所参加他的纪念活动。我当年的进修生，现甘肃省文物考古研究所所长谢骏义先生也出席了。他来看望我时，提到了我们一起做长途调查的情况，又勾起了我的回忆。

那是 1974 年 7 月下旬，我和谢骏义、卫奇两位先生，为了寻找旧石器，特别是想搞明细石器的分布，到内蒙古、雁北、宁夏、甘肃等地做了一次长途旅行。我们是这年 7 月 30 日从北京乘火车出发的。沿途的火车都脏乱不堪。我本来可以坐软卧的，但买不到票，只好作罢。软卧车厢挂得靠后，列车员也是有了乘客现开门打扫。当时吃饭成问题。车进了站，虽说站台上有卖东西的，但也都是一抢而光。

火车走一夜，次日便到了呼和浩特。接待我们的是内蒙古自治区博物馆。当我们参观博物馆时，看见陈列柜里有一个石针，它引起了我们的兴趣。我请博物馆的陪同人员通过对比，详细地展现了石针的形状特点，描写得具体、形象。

针砭：用砭石制成的石针，可用针灸治病。

把它拿出来仔细观察。这枚石针呈黑色，有如火柴棍大小，上方下圆，针尖锋利，石质不硬。据博物馆的同行介绍，它出自新石器时代遗址。我看了后认为是新石器时代的人作为针砭（biān）治病用的石针。

回到北京后，我和一位老医生谈了这件石针，他非常兴奋，立即叫我给他写了封介绍信，急急火火地去了呼和浩特内蒙古自治区博物馆。看后老医生非常同意我的看法，也认为此石针是做针砭用的。如果我的推断得到证实，中国早在七八千年前的新石器时代就有了石针针刺治病的方法，石针是医学史上不可多得的宝贵证据。那位老医生临走，还要求接待他的博物馆汪宇平先生给他做个石膏模型，结果失败了，不过汪先生还是用木料为他复制了一根。他回到北京后拿复制的石针给我看，我看其大小形状都同原来的那根很近似，也是黑色的，只不过外表光亮一些。这些都是后话了。

我们到内蒙古的时候，肉还是定量供应的。汪宇平先生非要我们去他家吃饭不可，说是请我们吃粉条子炖猪肉，他说借我们的光，也一起解解馋。他哪弄来的肉呢？饭桌上，他吐露了实情，原来他向上级打了报告，说是从北京来了"贵客"，上级特批了10斤猪肉。

设问句，用自问自答的形式讲述了那个年代人们生活条件的艰苦。

我们这次在内蒙古活动大约有一个月，内蒙古博物馆葛静微副馆长等亲自接待了我们。首先，汪宇平先生领着我们参观呼和浩特东郊新发现的大窑遗址。这是一处石器制造场。在红色沙层里石器和石片很多，几乎满山头都有石器和石片分布。看来很早以前——距今约二三十万年，就有人类在此制造石器了。据村中的老人跟我们说，直到最近还有人在这一带开采火石出售。

这个遗址的发现也是很偶然的。汪宇平先生原是报界人士，自从调到博物馆后，对旧石器发生了浓厚兴趣，潜心钻研。有一次他得知大窑村发现了窖藏的古瓷器，就到那里为博物馆去收购。在老乡家里吃完晚饭后，他从衣兜里掏出一块石片，问老乡这里有没有这东西，老乡说，这里有的是，就在离这里不远的山坡上。结果这个遗址就这么被发现了。

这个遗址应该很好地进行保护，发掘时也应该按照不同时代的地层发掘，切不可混淆在一起。这对以后的研究非常有益。

随后，汪宇平、李荣和其他三位先生加上我们三人分乘两辆吉普车从呼和浩特出发，到四子王旗、二连浩特（以下简称"二连"）、集宁等地考察。在包头我们看到了两个旧石器地点。两个地点都位于两个小山包上，相距不远。这两个地点出土的虽然都是细石器，但仍属于数万年前的旧石器地点。

从包头北行到了百灵庙。参观了百灵庙后，在招待所小住了一夜，往西前往白云鄂博，沿途考察石器地点，在白云鄂博之北我们发现了一处细石器地点。从白云鄂博往东行又到了苏尼特右旗，沿途都有发现。在脑木根（现称脑穆根）这个地方还发现了相当古老的哺乳动物牙齿化石。

从脑木根去二连，我们的汽车沿着中蒙边界上行走。中蒙边界线当时有一条10米宽的界线，年头久了，已辨别不清。中途遇不到人家，司机不时地停下车来观察方向，唯恐超越了国界，跑错了方向。我们大家也提心吊胆，到了二连后才放下心来。

提心吊胆：形容十分担心或害怕。凸显了"我们"紧张的心情。

这次旅行考察，可以说出了包头不久，便进了戈壁地带。所谓戈壁，就是到处都是苹果大小的砾石加粗沙，一眼望不到边。地面缺水，植物稀少，当然也很少见到人烟。我们在出行前准备了好几天，最主要的是要带好修理工具和充足的饮水，为了相互照应，还必须有两辆吉普车同行。途中偶尔能遇到帐篷，它们都支在有一点儿荒疏的草和水的地方。遇见这样的帐篷，只要你在外面问一声好，就可以走进去，盘腿在地毯或毡子上一坐，会很好地受到主人的招待。奶茶是少不了的，帐篷里总烧着水。女主人马上会擦一擦碗，抓上一把炒过的糜子粒，倒上煮好的砖茶，放在客人的面前。几碗入肚，茶中的糜子粒也吃光了。我喝他们的奶茶不喜欢放盐，也不用筷子，喝到最后，碗中的剩米粒用舌头舔几下就吃得干干净净。

二连在中蒙边界上，虽然城市不大，但相当有名。从北京直达莫斯科的火车，在这里要进行边境检查，火车也要换成宽轨的苏联列车。城里只有一条不长的街道，东西走向。中间靠北侧有一条不长的街，街的北头

下定义，用简明的语言对戈壁的本质特征进行说明，揭示了戈壁的本质。

动作描写，通过"擦""抓""倒"等动作，生动地展现了女主人煮茶的过程。

就是中蒙边防站。

就在这一天我们吃了一次烧整羊。主人请我们就座后，四个人把一只烧烤好的整羊放在一个大木盘里，抬上桌来，羊头向前伸着，四条腿卧在身下。我们每人面前放了一把刀。烧羊味很香，但没人动手。后来有人在我耳边说了几句，我才明白。我是主客，按当地风俗，我必须先在羊身上拉一刀，大家才能动手。

此处详细地介绍了吃烤全羊的过程，反映出当地人的热情好客。

我拿起刀子在羊身上划了一刀后，大家七手八脚地动起手来。只见主人拉下一大块尾巴油给我吃，这实在难为了我了。后来同行者说情，我才吃了一小条。这时大家开怀畅饮，大口吃肉。我虽然还能喝上二两酒，但遇见这种场面，只好说自己有心脏病，不能饮酒。否则只要一小杯下肚，就会叫你换大杯，直到醉倒为止，不醉不够朋友。他们对客人真是十分热情，但也叫我们有点儿发怵。

我们并没有忘记这次旅行的目的，在二连也探查了一些石器和哺乳动物化石地点。

过渡段，总结二连探查的收获，引出下文。

完成了对二连的考察，我们又南下经苏

尼特右旗到达集宁市。在集宁我们停留的日子较多，因为在集宁的南郊以前就有人发现过一处细石器地点，我们也曾到那里进行过发掘。这次还想在附近查看一番。我们在集宁市发现这里的领导和群众对古代遗迹非常感兴趣。他们认为古代人类曾在他们这里居住过是很荣幸的事。他们要求我们在集宁市的剧院礼堂给大家讲了一次课，参加的人数还很多。

在集宁考察，我们不但要走很多路，还要随时查看地面，所以要低着头走路。有时回到住所感到很劳累。有一天，跑了很多路，回到住所后已经很疲劳，但我还想到一家点心铺里去看看有什么当地的风味糕点。陪同我们一起调查的一位集宁市工作人员对我说："我们这里做的点心比砖头还硬，牙齿好的恐怕也咬不动。"我说："你们给他们调换一下工作不就成了吗？""怎么换？""把做点心的让他去烧砖，把烧砖的调来做点心不就成了吗？"大家听后都大笑起来，也不觉得累了。

我们这些在野外工作的人，常常说笑

对话描写，用幽默的对话展现了当地点心的特点。

话，这样对解除疲劳很起作用。

20世纪30年代时，我们的笑话很多，有心的人真可搜集起来写一本《笑话小集》。有关卞美年先生的笑料就不少，可惜年代久远遗忘了很多。我记得有人写过一首打油诗："好女不嫁地质郎，一年半载守空房。外出打扮像公子，回来虱子爬满床。"这也从侧面描写出了我们地质工作者的生活。

引用打油诗，形象直观地反映出地质工作者奔波、忙碌的工作状态。

9月1日，我们返回呼和浩特市。在集宁市时，卫奇先生就告诉我，大同市以东的阳高县许家窑和与之交界的河北省阳原县的侯家窑村，有的农民在那一带挖"龙骨"，由于砸死了人而被禁止了。地层里发现了很多石器。我认为这个消息很重要，决定立即到那一带走一趟，做个调查。

我们到达呼和浩特后，没过多地停留，即到大同市，在雁北地区文物工作站负责人、考古学家张畅耕先生的陪同下，前往雁北地区考察。考察进行了十多天，除在左云县境内考察石器地点外，也顺便参观了大同市的云冈石窟、大同九龙壁、上下华严寺等古迹。接着又考察了山阴县的鹅毛口新石器朔县：位于今山西省朔州市朔城区。

时代石器制造场，看到了石锄等农具。这些石器证明了当时已有农业出现。

在朔县我们考察了 28000 年前的石器地点。这一地点的石器类型很多，已与后来的细石器有所接近。我们还前往应县参观了久负盛名的应县木塔。最后到了我们非常想看的位于山西省阳高县古城乡许家窑村。我们在村东南约一千米的一处断崖上，看到遍地是哺乳动物化石碎块，地面上的石器也很多。我当时就断定这是一处非常值得发掘的地方。

在这个地点，1976 年春、1977 年秋和 1979 年进行过三次发掘，发现了大量的细小石器和人骨化石及哺乳动物化石。石器制品非常精致，我们还以为是数万年前的人类制造的。后来发现了人类化石，因其具有许多原始性质，所以时代提到了十万年前。这个地点定为"许家窑遗址"。

考察时卫奇发现，当地的妇女的门齿外面多有圆形的凹坑，他认为是饮水中含氟量太高所致。在这里发现的头骨骨片化石，我也观察到它们与正常人的头骨不同，有异断面的内外骨板相夹的骨质呈棕孔状，并非像正常人呈海绵状。这与陕西公王岭发现的蓝田猿人头骨的断面十分相似。此种现象是因饮水含氟量高所致还是一种病态，我没搞清楚，因为我不是病理学家。如果有人去研究它的病因，在病史上也是很不得了的事情。所以我认为研究古人类学，必须进行综合研究才能得到突出的效果，就是由于它包括的面很广。

1974年9月中旬，我和谢骏义、卫奇两位先生从大同乘火车到达了宁夏回族自治区的银川市。接待我们的是自治区文化厅文物处处长、博物馆的钟侃先生。在宁夏我们首先考察了贺兰县两处细石器地点和一处新石器地点。值得一提的是我们参观考察了仰慕已久的水洞沟旧石器时代遗址。

水洞沟遗址是1923年法国桑志华和德日进发现的。德日进1923年第二次来华，当年即和桑志华从北京乘火车到达包头，然后步行加骑驴到银川。从银川往东南，他们渡过黄河，在离黄河东岸不远处发现了水洞沟的遗址。在这个遗址的黄红色的土层里，

通过将当地发现的头骨与正常人的头骨进行比较，突出了这里头骨的不同之处，同时也点出了头骨异常的原因。

"仰慕已久"可以看出大家对考察这个遗址很期待。

他们发现了不少石器。再之后他们东行，在内蒙古自治区萨拉乌苏河附近又发现了萨拉乌苏遗址。水洞沟遗址的石器是大型的，萨拉乌苏遗址的石器是小型的，有的细小石器其重量不足一克。

水洞沟遗址在灵武县境内，我们在那里活动了两天又返回银川。当时，银川考古部门正在发掘西夏王朝帝王陵，我们前往参观。只是寝陵既大又深，我没下去参观里面的陪葬物品。

我记得袁复礼先生曾经送给我们研究所一批用红色燧石打制的细石器。那是他参加西北科学考察团时发现的，石器上注的出产地叫"银更"。裴文中和我曾到清华大学问过袁复礼先生"银更"在何地方，但他说记不清了，印象中是沙漠地。我们在这次考察中，边走边打听"银更"的地方。据当地人说，叫"银更"的地方很多，"银更"是蒙古语，为石磨的意思。在银川时，我们听说附近确实有个地方叫"银更"，不过乘汽车需要三天的时间才能回来，我们只好放弃了此行。

9月下旬，我们三人从银川乘火车到达了兰州，下榻在兰州饭店。在省博物馆馆长吴怡如先生的陪同下，我们在甘肃省境内考察了20多天。

国庆节前，我们从兰州乘汽车去了武威地区，先到民勤县红崖山水库附近，考察新发现的象化石地点，而后到永昌县的河西堡，考察鸳鸯池五六千年前的属于马厂文化的墓地。

我还记得，在1948年，我曾随裴文中先生和刘宪亭先生等前往民勤境内进行过考古调查。那时当地的百姓缺吃少穿，生活非常贫苦，我们考察有时坐的是马拉的大轱辘车，车轱辘很大但不圆，在沙漠地里走起来咕咚咕咚的。现在再次到那里，情况完全不同了，一色的柏油路面，路的两侧是高大的杨树，水库中的水非常清亮，微波荡起，泛起片片粼光，真是远非昔日可比。

我们这次到鸳鸯池考察，是因为这里发现了镶嵌在骨柄上的小石片。这一消息是在这次长途旅行前，甘肃省文物局局长王毅先生到北京来告诉我的，这引起了我极大的兴

青海省民和县马厂塬遗址，曾出土了大量四五千年以前的彩陶，属新石器时代晚后期。

作比较，此处将"我"先后两次去民勤境内考察时所见到的景象进行对比，展现出当地的变化。

趣。我立即请王毅先生往当地发电报："务必使这个发现物保持原样，连小石片也不要卸下来。"这次到了甘肃，当然不能放过目睹的机会。

1997年6月初，谢骏义来我家时，我们又谈到了鸳鸯池的这个发现物。他说是石刀，我记忆中是把镶嵌石片的短剑。因为从形状上看它和剑十分相似，骨制的剑身一端很尖利，中间还有直竖隆脊，在尖端和两侧有挖制的沟槽，沟槽中镶有连接的薄而直的细石叶。这种细石叶在细石器遗址里常能见到，但大多未引起人们重视。最受重视的是各种类型的石核。其实使用的倒是由石核打击下来的小石片（或称之小石叶）。

小石叶从石核上打击下来时，石片有向内面弯曲的弧面。当把小石片的两端掰去，剩下中间的一段，看上去就很直。两端很平的细石叶，再把它彼此衔接起来就是很好的很直的刃，而且可以随意衔接长短。如果我的记忆无误，我认为，在目前来说，它是世界上最早的剑。后来的铜剑无疑是由它演化而来的。

细节描写，通过对小石叶的详细描述，让读者清晰掌握小石叶的外形和特点，让人印象深刻。

工作告一段落，我们返回兰州。国庆过后，我们又由兰州经平凉去了陇东。去陇东的目的是到庆阳城北三里铺访问当地的老农民和老修女，想从当年给桑志华挖掘化石的老人那里，了解一下当时挖掘的情况和地点；从当时在桑志华管辖下的修女那里，了解当时桑志华工作的情况。因为年代久了，如果不加记载，就会丢失这一段历史。桑志华于 1920 年在这一带发现了许多哺乳动物化石和石器，石器距今已有数万年的历史。石器地点有两处，均在黄土中、底部，这在中国是首次发现。现在他采集的化石绝大部分还保存在天津北疆博物馆，即现在的天津自然博物馆里。

最后我们在王毅先生的陪同下，南下到天水的麦积山。我们调查了天水地区的化石地点，并做了此次旅行的工作总结。10 月内我们完成了一切工作，我和卫奇先生由兰州登上了返回北京的列车。

我以 66 岁之身参加这次长途旅行考察，我因为能为本门科学奋斗不息而感到满意。前人曾教导我，搞好这门科学要"三勤"，即

特别提及桑志华的这段历史，因为这次发现是在中国首次发现哺乳动物化石和石器。

"口勤、手勤、腿勤"。前人的教导虽然只有6个字，我却深刻地感受到它们对我的成长和成才带来了莫大的教益。研究古人类学、旧石器考古学及古生物学和搞地质学一样，如果不亲自去跑、去看、去找，只仰仗向别人要点材料做研究，是永远也不会成功的。

流逝的岁月留下了什么

阅读指导

"春蚕到死丝方尽，蜡炬成灰泪始干。"贾兰坡教授对考古这门科学爱得深沉，希望能有更多的人了解考古，喜爱科学，热爱祖国。

我是绝不会白白地浪费时间的，不经常外出搞野外工作，就在家写一些理论性的文章，不管别人对我的观点能否接受，我都照写不误。即便错了，通过探讨对自己或对后人也是提高。大地震后，1978 年，当我 70 岁时，我发表了下面这些文章和 3 本专著：

《中国细石器的特征和它的传统、起源与分布》(《古脊椎动物与古人类》，16 卷 2 期)；

《从工具和用火看早期人类对物质的认识和利用》(《自然杂志》，1 卷 1 期)；

《"北京人"时代周口店附近一带气候》(《地层学杂志》，2 卷 1 期)；

开篇点题，引出全文，使文章中心突出，主题鲜明，给读者留下深刻的印象。

《周口店"北京人"之"家"》(《北京史地丛书》,北京出版社);

《西侯度——山西更新世早期古文化遗址》(与王建先生合著,文物出版社);

《中国大陆上的远古居民》(天津人民出版社)。

1980年以后我出版的著作有:

Early Man In China(《中国早期人类》,外文出版社,1980年);

《上新世地层中应有最早的人类遗骸及文化遗存》(《文物》,1982年第2期,与王建先生合作);

《中国的旧石器时代》(《科学》,1982年第7期);

《建议用古人类学和考古学的成果建立我国第四系的标准剖面》(《地质学报》,1982年第3期);

《人类的黎明》(主编,上海科学技术出版社,香港三联书店1983年);

1984年我与黄慰文先生合作,为外文出版社写了20多万字的《周口店发掘记》,它的英文译本为 *Story of Peking Man*(《"北京人"

的故事》），天津科学技术出版社出版了中文版。

1989年我病愈出院后，反倒越来越忙了。虽然我很少到研究所里的办公室去上班，但我在家里仍每天工作6小时以上。如有人来访，那就算是我的休息。不但如此，我还没有礼拜六和礼拜天。

人的一生是短暂的，即使每个人能工作60年，掐指细算也只有大约21900天，去掉工休日、节假日，再以每日工作8小时计算，人的一生用在工作上才有多少时间呢？

人的一世，也并非在于吃喝玩乐、穿着打扮，而应该为祖国、为事业干出点儿成绩。所以我以工作为乐趣，把自己不知道的东西变为知道，其乐无穷。

我有青光眼和白内障，每天要戴着老花镜和拿着放大镜写文章，的确很费劲，但我每写完一段或一节，思想上都会感到高兴和愉快。

进入20世纪90年代，我常为青年人写的著作作序。为青年人的著作作序，是对青年科学工作者的鼓励和支持。所以每当别人

列数字，通过具体的数字说明工作时间的短暂，劝告我们要珍惜时间，努力工作。

有求于我，不管认识或不认识，一般我都不拒绝。写序也很麻烦，你必须把文章都要看完，看明白，才好给人家指指点点。

除此之外，近几年我写的著作有：

1994 年《中国古人类大发现》，香港商务印书馆出版；

1995 年《中国史前的人类与文化》（与杜耀西、李作智两位先生合作），台湾幼狮文化事业出版公司出版；

1996 年《发现"北京人"》（与黄慰文先生合作），台湾幼狮文化事业出版公司出版。

我写出的文章和著作，别人有什么反应，这是我很关心的事。我把我能收集到的评论材料都装订起来，名为《拙著评述》。现在已有了第一册，目前我还在继续搜集，准备订第二册。那部 *Early Man In China* 出版后，我收到了许多国家同行的来信。信中绝大部分都是颂扬的话，对我给予了鼓励。只有一例，说著作中我不应该引用恩格斯的话，因为他不是古人类学家。

对于《人类的黎明》一书，香港《明报》当年 3 月 17 日以"精美的科普图册"为题，

对于读者的感受，"我"很关心，由此可以看出"我"非常谦虚、好学。

发表述评说：

　　……一个有希望的国家，她的出版物应该是尽善尽美的，多姿多彩的。现在搁在我手边的这册《人类的黎明》同样令我心情激动。……

　　这是一本精装的大开本图册，有部分是彩页，印刷十分精美，由香港三联书店出版。起初我感到美中不足之处，便是用的简体字，后来却又因此而释然。理解到这本图册的主要读者对象，应是中国大陆的青年。大陆青年可以读到这么精美的科学图册，应是首次，深信必会引起他们对于科学的兴趣——任何一种读物，印刷、设计与装帧的精美，都会使读者爱不释手。……我将这本《人类的黎明》拿在手上，会产生一种自豪感，我已不是把它看作是某出版社的出版物，而看成是中国的出版物。……《人类的黎明》编者是中国著名古人类学权威贾兰坡教授，现在香港博物馆展出古人类化石，有部分便是由他所发掘的。

　　香港《大公报》当年3月28日在第12版，登载了署名"融民"的作者以"科学地反映人类起源学说的图册——介绍《人类的黎明》"为题的文章。文中用了很大的篇幅介绍这本书，其中有一段这样说：

……关于人类的诞生的演进，科学已经一再证明进化论的正确，可是那详细的过程和证据，许多人仍然希望有一本读物加以清晰阐述。

最近作为《图解科学普及全书》其中一卷的这本大型图说《人类的黎明》的问世，基本上满足了人们的这一渴求。图说由我国著名古人类学家和旧石器时代考古学家贾兰坡教授主编。编辑时，曾获国内外不少权威学术机构和个人的协助。全卷收图400余幅，约四分之一是彩图，内有12万字说明……每章撰述者，均是有关专家、学者，他们援引了大量的出土文物和中外同行的最新研究成果，将各该范围内一向颇多争议的问题一一分析缕述，一新人们耳目……

3月27日香港《文汇报〈百花〉》专刊，以"从中国古人类展览谈到《人类的黎明》"为题，刊载了如下论述：

……最近，香港三联书店又及时地出版了《人类的黎明》——人类的起源与演化图说。这是一部科普图说，它围绕着人类的起源和演化这个主题，以"图解"的方式，介绍了古人类学的基础知识和新近的研究成果，图文并茂，内容生动。编撰者从人类的母亲——地球谈起，横剖动物与人类起源的关系，纵论人类的诞生和发展，直到现代遗存的原始人类生活折光反映，形象地显示了人类初生阶段的场景……介绍了《人类的黎明》这本书的主要内容和形式，真是一本好书，感兴趣的小读者可以读一读。

3月24日，香港《新晚报》以"中国第一部突破性的科普图说——贾兰坡主编的《人类的黎明》"为题，刊登了评论：

……而本书所探讨的"人类的起源与演化"的问题，我们的考古学界近年来的研究成果、所获得的出土化石，足以证明人类真正历史的确实性。本书就是以第一手的资料和深入的研究成果，反映了我国科学家在古人类学这方面的新成就。……

《周口店发掘记》的英译本将书名改为 *Story of Peking Man*（《"北京人"的故事》），日文译名为《北京猿人匆匆来去》。1985 年第 2 期的《对外出版工作》(外文出版社)上发表了一篇《〈周口店发掘记〉将搬上日本银幕》的简讯:

> 《周口店发掘记》(日本译名《北京猿人匆匆来去》)在日本出版后,受到读者热烈欢迎,著作很快销售一空。日本电视工作者同盟(东京电视系统 TBS)决定根据本书拍摄电视片——《周口店"北京人"匆匆来去》。该片导演太原丽子一行 5 人于今年 2 月 11 日至 21 日来我国拍片,著名古人类学家、《周口店发掘记》作者贾兰坡在家接受了采访。正逢新春佳节,宾主在家吃了一顿饺子午宴,气氛热烈而亲切。

这本书的出版发行,我们并没有拿到多少稿费。有的外国人把书给我寄来,叫我在书上签名再给他寄回去。这样我反而花出去很多邮寄费。

对我著的《中国古人类大发现》一书,也有评论。在《化石》(中国科学院古脊椎动物与古人类研究所主办)1995 年第 3 期上,发表了署名"了望"的文章，文章题目为《〈中国古人类大发现〉一书问世》，文中写道：

> ……贾兰坡教授在书中用通俗易懂的语言和引人入胜的情节，叙述了我国不同时期古人类化石的发现、发掘和研究的梗概，并按照人类文化发展的序列，阐明其性质，赋予了新的内涵。……该书内容丰富，图文并茂，……对于酷爱本门学科的读者来说，可谓如鱼得水，久旱遇雨，值得一阅。

香港 1995 年 4 月号《读书人》月刊以"中国古人类大发现"为题发表了占 3 页版面的评论，其中有一段：

> 以贾兰坡的高龄，及对古人类学修为之深，很难要求他的文章能令初学者看得明白。但令人赞叹的是，这部近 150 页的《中国古人类大发现》，竟是一个娓娓动听的中国古人类历史故事。贾兰坡像在对一群年轻朋友讲话，他以第一人称的写法，告诉大家过往中外学者研究人类历史起源的重点，而他在中国的考古研究中，发掘了什么遗址，该遗址有何特点，并将发掘

"如鱼得水""久旱逢雨"表现出文章的作者对《中国古人类大发现》一书的喜爱之情。

出米的人类头骨化石及生产工具做了详细图文解说，等等。

评论者苏女先生也提出了一些意见，如：

对于一些特别名词，编者宜作注释及作图解；名词用词必须统一，62 页用了"周口店乡"，63 页却写"周口店镇"；同在 55 页，一时写 100 万年，另段又写 1.00 百万年，都使读者混淆；在中国古人类遗址分布图中，没有此书的人类起源的最大发现地——禄丰县；虽然贾兰坡没有在该地进行发掘考古，也宜标示地点，完整地显示中国古人类的存在踪迹。

对苏女先生的鼓励和提出的良好意见，我非常感谢。

列数字，通过具体的数字说明了"我"对考古学做出的贡献。

到目前为止我一共写了 456 篇文章，还有大小 20 册书。我的文章及一些小册子也有很多是科普性的。我为这门科学奉献了近 70 年，我很爱这个事业，我希望后继有人，希望这门科学不断地前进和发展，所以除写一些学术论文外，在科普文章中，我也花了很多精力。

我极力宣传、普及这门科学，从上述的一些评论中，也可以看出人们是多么地喜欢科普性的读物。如果专写学术性的文章，在文章中罗列一大串专用名词，有谁爱看和看得懂呢？科普作品也许不被算作成绩，不算成绩就不算吧，反正我不是为个人成绩而活着，只要问心无愧就心满意足了。

　　我是快 90 岁的人了，人到老了，不免总会回想起过去的事。往事一幕一幕像电影一样在脑中放映。从 1931 年春我 22 岁进中国地质调查所当练习生算起，除了七七事变日本人占领北平，我失业干了 3 年"卉园商行"买卖外，掐头去中，我在我的老本行上干了 60 多个年头。我热爱我的工作，对这门科学充满了深厚的感情。我更希望在我离开人世之前，能看到有更多的青年人投入到这门学科的队伍中来，使这门科学后继有人，不断地发展和壮大，年轻人能超过我们这一代，做出更大的成绩。

　　我中学毕业，从练习生起家，1933 年升为练习员；之后，当时的领导看我工作努力，为了培养我，叫我到北京大学地质系进修，学习普通地质学、地层学（前边没有提及过，是我回忆中漏掉了）；1935年升为技佐；1937年升为技士（因为日本侵华，上报后没得到正式批文，暂按调查员任用，1945年日本投降后正式按技士职称任用。技士相当于今天的副研究员）；中华人民共和国成立后，仍任副研究员；1956年升为研究员。我已经迈入高层的研究领域。我没有上过大学，也没到国外留过学，我是从一个什么都不懂的小伙计，一步一步攀登上来的。我是从石头夹缝中走过来的人。

有人说我是"土老帽"遇上了好运气，这点我承认。我是个地地道道的土老帽，没进过高等学府，也没留洋镀过金。至于"运气"，我认为就是"机遇"。我的机遇非常好。我一进地质调查所就能在一些国内外著名学者像步达生、魏敦瑞、德日进、杨钟健、裴文中等手下工作，还遇到了像翁文灏这样的领导。我当时的地位虽然很低，但他们从来没有看不起我，他们还手把手地教我。他们为了培养我，不但叫我去北大地质系进修，

"我"虽然基础薄弱，但并没有停止学习的脚步，一路走来虽充满了艰辛，但"我"也得到了应有的回报。

还要我到协和医学院解剖科正式学习全部课程，平时对我的要求也很严格。我做得不好，他们就不客气地批评；但我工作有点儿成绩，他们又及时给予鼓励。

我还记得，当年德日进叫我用英文写一篇文章，我的英语基础很差，错误很多，整篇文章，他改正了三分之二，最后落名还是用我一个人的名字。我问他为什么，他笑了笑说，文章是你写的，我只不过帮你改了错句和错字，当然用你的名字。你看这就是一位大科学家的风范和品德。实际上，像他这样的导师，我是没资格做学生的，我怎么能说不走运呢！何况我还守着近在身边的卞美年、裴文中、杨钟健这样的一些人。就连一些技工和工人，我对他们也很敬重，我能认识一些动物化石最初就是他们指点的。吃水不忘掘井人嘛。看着挂在我家小客厅里的这些老一辈的中国地质科学的奠基人和开拓者的照片，尽管他们多已不在人世了，却常常勾起我对他们的怀念。每逢遇到难题，看看照片，回想起他们的音容笑貌，仍对我是一

"我"既能成为像德日进这样厉害的科学家的学生，又能与杨钟健、裴文中等人共事，这是何其幸运啊，此处照应了前文。

个很大的鼓舞。

俗话说，师傅领进门，修行在个人。我自己的努力，也是我成功的关键。我不但向老师们学，也在工作之余挤出时间读书。我写下的读书笔记足足有100多万字。在实践中，我累积经验，将书本上学到的理论，反过来又指导实践，就这样反反复复。曾当过我们科学院院长的张劲夫讲过：搞事业要"安、钻、迷"，就会干好。所谓的"安、钻、迷"就是要安下心来，能够钻进去，达到迷恋的程度。我就是做到了"安、钻、迷"。

我这个人，还有个脾气，也可以说是个性吧，我不愿意跟在大专家、大学者屁股后面跑。尽管他们亲手把我教会，把我培养出来，但对他们在学术上的观点，我也用自己的头脑过一遍，对的支持，认为不对的，就大胆提出自己的见解。我有我的一定之规：要叫自己的头脑围着事实转，不能叫事实围着自己的头脑转。别人画好圈儿你就钻，绝不会有什么大成就。但是一旦发现自己有错，就要敢于大胆改正，以免误人、误己。

越是成了名的专家，越应具备这种精神和勇气。这才算得上"维护科学的尊严"。

20世纪50年代末和60年代初，我和裴文中先生关于"北京人"是否是最原始的人的争鸣，就是最好的例子。我与裴先生的争鸣纯粹是一场学术上的争鸣，这场争鸣不但没有影响我俩之间的感情和关系，反而带动和促进了这门学科的发展。我对裴先生也更加尊敬了。

湖北省考古所李天元先生在郧（yún）县发现了郧县人之后，把头骨拿到我们研究所里来，叫我所帮助修理。当时整个头都还被钙质结核包裹着，只露出了一部分牙齿。

郧县：今湖北省十堰市郧阳区。

我发现臼齿很大，很像南方古猿。我就说这好像是南方古猿。等到我的老朋友胡承志先生到武汉帮他们把头骨修出来以后，他对我说：不是古猿，是直立人。连李天元教授也认为是直立人的头骨。以后我也承认是直立人了，我并没坚持自己的看法，事实就是事实，在没修出之前我没看准。但此臼齿之大，与其他直立人有很大差异，其原因至今与湖北省考古所合作研究的美国专家也没搞清楚。

半个多世纪，我在旧石器考古学、古人类学、第四纪地质学等方面，也做出了一些成绩，受到了国内外同仁的好评。我应邀到过我国香港、台湾以及日本、美国、阿尔及利亚、瑞士等国家去讲学和进行学术交流，所到之处都受到了热烈的欢迎和盛情的款待。从中我看到了国外在科研上的长处，有着很多值得我们学习和借鉴的地方；我也看到了我们自己的优势。

在台湾的台中自然博物馆，我看到那里的科普工作做得非常好，声、光、像及电脑等高科技手段都用上了。在一个展示蚊子的展台前，模型蚊子的头放大到直径足有1米，吸血的嘴直撑地板，使人一眼就能看清它的结构和它吸血的过程。在立体剧场里，我们看到了火山爆发的演示，火山爆发巨雷般地震耳骇人；喷出的岩浆火花四溅，岩浆缓慢地顺山谷流下，激起的海水波涛汹涌。这种模拟逼真的景象，使人一目了然。在"北京人"展厅里，塑造了原大的"北京人"在洞内生活的景象，表现非常生动，根本用

详细地描述了模型蚊子的外形特征，1米大的"蚊子"让人感到惊奇。

不着解释。另外还有肉食恐龙和草食恐龙的对话，不仅活泼有趣，还使人感到确实应保护自然环境，保护好我们的地球。台中自然博物馆，每天，特别是节假日，都吸引着成千上万个孩子及大人去参观。

相比之下，内地的博物馆多是在标本前，放上一张标签，就像摆地摊一样，死气沉沉，叫人感到乏味，怎能激发起青少年的兴趣呢？

1995年4月我应邀到美国华盛顿参加新当选的院士签字仪式，在旧金山和华盛顿也参观了一些博物馆。给我印象最深的是美国人非常喜爱博物馆。不管是旧金山的亚洲艺术博物馆、自然科学博物馆，还是华盛顿的国家自然历史博物馆、航天博物馆等，参观的人都非常多。特别是星期天，人们很早就排起了长队，等候博物馆开门。学生也很多，一队一队的。在亚洲艺术博物馆里，有一个很大的房间，中央放着大桌子，很多小学生围在桌前写着什么，书包放在地上。我问了陪同我参观的一位工作人员才知道，美国对博物馆这块教育基地非常重视，很多博

反问的语气，表达肯定的意思。说明了当时我国内地的博物馆在展示上还需要不断改进和创新。

物馆都有这样的房间供学生使用。小学生参观完后，老师给他们出题，他们就围在桌前写观后感。有的学生没看清楚，还可以跑去再看，回来再写。这不都是值得我们学习和借鉴的地方吗？

当然我们也有自己的优势。我国地域辽阔，地层保存完好。越来越多的古人类化石和旧石器遗址相继被发现，一个个缺环被找到。很多国外的科学家都把眼光逐渐地移向中国，他们也都想跑到中国来看看，寻找人类的祖先。既然这门科学是世界性的，那么它就会受到各国科学家的关注。随着改革开放的不断深入，这项事业的合作，给我们带来了一片光明的前景，也更能促进我国这门学科的发展和繁荣。

1980 年，我当选为中国科学院院士（当时称学部委员）；1994 年当选为美国国家科学院外籍院士；1996 年当选为第三世界科学院院士。一个仅仅上过中学的人能够获得三个院士的荣誉称号，这足以使我感到欣慰。我的工作没白费，我也没有虚度年华。我做出的一点点成绩，得到了世界的承认。

科学是无国界的，相信更多的交流和关注能促进古人类学的发展。

"春蚕到死丝方尽"，我在有生之年，仍会在我的事业上奋斗不已，为发展我国的古人类科学、旧石器考古学奉献光和热。

引用诗句，表明"我"的奋斗精神。

话又说回来，快 90 岁的人，跑也跑不动了，还能干什么呢？1995 年，美国世界探险中心推举我做一名会员，我说："这个俱乐部都是探险家，有第一次航天的，有登月球的，我算什么呀！别说探险了，现在就连小板凳我都上不去了。"他们笑着说："我们都知道，你钻过山洞，钻过 300 多个山洞，钻洞也是探险。不是说你还能不能再探险，而是你为探险事业做过贡献。"

我现在眼、口、手、脚都快不听使唤了，我想奉献的光和热就是要把青年人培养成才，希望他们接好我们这一代人的班，在 21 世纪里挑大梁，超过我们，做出的工作比我们更有成绩。我的成绩也希望得到他们的检验。我在 1995 年 4 月访问美国时，利基基金会在旧金山为我举行欢迎会，来自海湾地区的著名科学家、教授、作家、记者、旧金山华人代表有近百人。我在致答词时说："我虽然老了，但我还希望在有生之年为这语言描写，通过朴素的语言反映出"我"为古人类学无私奉献的精神。

门科学做出自己的贡献。更多的工作应靠年轻人去做。他们思想开放，更容易掌握先进技术和方法，比我们老的更强。我愿意为他们抬轿子。"

给青年人抬轿子，扶他们走上一段，是我们老一辈的责任。我也是在老一辈的教导下走过来的。对青年人要爱护、要严格，但不能打击，否则不利于他们的成长。

60多年里，我写了400多篇（部）论著，但给青少年写这么多还是第一次。因为我不是小说家，语言修辞不很好，有些学术上的东西也怕青少年朋友不好懂。我的水平有限，也只好这样了。我是从周口店起家的，我的命运、事业与周口店紧紧连在一起，没有周口店，也就没有我的今天。青少年朋友可能不知道有我这个贾兰坡，但一定会知道周口店"北京人"遗址，这在课本上会学到。它不但被联合国教科文组织列为世界文化遗产，也多次被北京市列为青少年教育基地。在周口店"北京人"遗址里，发现古人类的材料之多，背景之全，在世界上是首屈一指的。

保护好这个世界文化遗产，让越来越多的人关注。这也是我的一个心愿。我在一些文章中多次呼吁，除了要保护好这个遗址外，在有条件的情况下，在遗址周围还应种上50万年前的树木和草丛，塑造出"北京人"打制石器、狩猎、采集果实和使用火的场景，逼真地再现"北京人"的生活，使参观者一进遗址大门就能感受到仿佛进入了50万年前。那样，"北京人"遗址会越来越受人们，特别是青少年朋友们的喜爱，成为真正的教育基地。青少年对这门学科产生了浓厚的兴趣，就会有更多的青年加入到这门学科的队伍中来，这门学科就会有更加蓬勃的发展，再现新的辉煌。

我在第七届全运会亲手点燃的"文明之火"的火种传给了青年，他们又一个个传递下去。"文明之火"与"进步之火"的火种将燃起熊熊的科技之光，照亮祖国这块神州大地。

我有机会写一下自己，这只是个以讲故事的方式写下的自述，想到哪里就写到哪里，因为不是什么传记，就不必担心什么，

"我"在文章中时常会提到对遗址的保护，这也是"我"最大的心愿。

同时还能澄清一些事实。例如，在我的一份材料中，不知谁为我填写了简历。写得不但词句不通顺，更可气的是说我在伪地质调查所工作过两年。"伪"当然是指日寇侵华之"伪"。我是从来没在伪政府部门干过事。知道我的人目前还大有人在，他们都可证实，不然和我一起工作过的人不在世了，这岂不是又成了无头冤案？

想到过去，就会想到父母对我的养育之恩，想到今天能有一点儿所得，就会想起我的先师杨钟健、裴文中、德日进、魏敦瑞等人对我的教育和鼓励，就会想到他们对我的严格要求。当然这点儿所得也和一些老中青朋友的无私帮助分不开，我向这些人深深地鞠上一躬。